YOUTUBE

#內容創造 #頻道經營
#品牌合作 #趨勢觀察
成為熱門YouTuber的45條教戰守則

玩家成功術

策劃編輯｜威爾‧伊格爾 Will Eagle

譯｜林潔盈

YouTube 玩家成功術

#內容創造 #頻道經營 #品牌合作 #趨勢觀察 成為熱門YouTuber的45條教戰守則

原文書名　Read This if You Want to Be YouTube Famous
作　者　威爾·伊格爾（Will Eagle）
譯　者　林潔盈

總 編 輯　王秀婷
責任編輯　李　華
版　權　徐昉驊
行銷業務　黃明雪、林佳穎

發 行 人　涂玉雲
出　版　積木文化
　　　　　104台北市民生東路二段141號5樓
　　　　　電話：(02) 2500-7696｜傳真：(02) 2500-1953
　　　　　官方部落格：www.cubepress.com.tw
　　　　　讀者服務信箱：service_cube@hmg.com.tw
發　行　英屬蓋曼群島商家庭傳媒股份有限公司城邦分公司
　　　　　台北市民生東路二段141號2樓
　　　　　讀者服務專線：(02)25007718-9｜24小時傳真專線：(02)25001990-1
　　　　　服務時間：週一至週五09:30-12:00、13:30-17:00
　　　　　郵撥：19863813｜戶名：書虫股份有限公司
　　　　　網站：城邦讀書花園｜網址：www.cite.com.tw
香港發行所　城邦（香港）出版集團有限公司
　　　　　香港灣仔駱克道193號東超商業中心1樓
　　　　　電話：+852-25086231｜傳真：+852-25789337
　　　　　電子信箱：hkcite@biznetvigator.com
馬新發行所　城邦（馬新）出版集團 Cite（M）Sdn Bhd
　　　　　41, Jalan Radin Anum, Bandar Baru Sri Petaling, 57000 Kuala Lumpur, Malaysia.
　　　　　電話：(603) 90578822｜傳真：(603) 90576622
　　　　　電子信箱：cite@cite.com.my

國家圖書館出版品預行編目資料

YouTube玩家成功術：#內容創造#頻道經營#品牌
合作#趨勢觀察 成為熱門YouTuber的45條教戰守
則 / 威爾.伊格爾(Will Eagle)作；林潔盈譯. -- 初
版. -- 臺北市：積木文化出版：家庭傳媒城邦分公
司發行, 2020.08
　　面；　公分
譯自：Read this if you want to be youtube
famous.
ISBN 978-986-459-240-1(平裝)

1.網路行銷 2.網路媒體 3.網路社群

496　　　　　　　　　　　　　　109010501

城邦讀書花園
www.cite.com.tw

製版印刷　上晴彩色印刷製版有限公司

2020年 8月4日　初版一刷
售　價／NT$ 399
ISBN　978-986-459-240-1

編輯說明

本書取材於 2020 年 2 月，各帳
號內容、訂閱數與軟體政策可
能有所異動、更新，僅供參考。

目錄

誰不想成為知名YouTuber?

有一種職業，每個月靠製作影片表達創意，還能帶來數百萬粉絲與滾滾而來的財富，聽起來很誘人吧？而且，似乎只需一支智慧型手機就能入門。不過，每分鐘都有數百小時的影片上傳到 YouTube，在這樣的情況下，你要怎麼從一支觀看次數為 0 的影片，慢慢成長起來，逐漸脫穎而出呢？

祕訣就在本書中。全球頂尖的 45 位 YouTuber（其中有些非常古怪）在這裡分享了他們的智慧，讓你在創下紀錄前，就能鋪好通往成功的大道。他們會講解從如何找到自己的熱情為流行的利基製作影片、處理惡意挑釁的方法，到怎麼賺錢等所有你想知道的事。這些網紅的共同點，就是他們都具有創新的精神與不屈不撓的毅力。

如果想成為 YouTuber，這本書將能幫助你入門。如果已經在製作影片，這本書會幫助你找到正確的方法，讓你終能實現在社群媒體大會 VidCon 上受粉絲包圍的夢想。

讓我們開始吧！

/表示網址縮寫，或是你能輕鬆用來找到頻道的關鍵字。

別想太多

拿起手機，開始錄製你的第一支影片，先不要考慮太多。我剛開始的時候，手機沒現在這麼複雜，不過，現在你已經可以買到能錄製 HD 與 4K 高畫質影片的手機，所以儘管動手做就對了。影片不一定非得很完美，無論你是用手拿著手機，還是把手機靠在一疊書上都可以，只要把影片錄下來就好。你想說什麼就說什麼。你可以用 iMovie 之類的應用程式進行簡單的編輯，這就是製作第一支影片所需的全部工作。

馬修的故事

我原本是會計師，雖然做得還不錯，還是被解僱了。失業時，我才體認到，為別人工作的風險很高，儘管你很聰明、工作做得很好，仍然隨時可能被辭退。YouTube 讓我成了自己的老闆，收回部分控制權。我嘗試了不同的影片，從喜劇小品開始，隨著時間慢慢去了解什麼樣的影片能吸引流量，什麼樣的東西行不通。當我發現條列式的呈現方式比較受歡迎以後，我開始善用這種形式，也持續製作這種風格的影片

/MATTHEWSANTORO
馬修・桑托羅
Matt Santoro
訂閱人數: > 630萬

最喜歡的YouTuber:
/WatchMojo
/PewDiePie
/markiplierGAME

Aboot

BEFORE THEY WERE FAMOUS

BACKPACK KID

/MrMCCRUDDENMICHAEL
麥可‧麥克魯登
Michael McCrudden
訂閱人數: > 300萬

最喜歡的YouTuber:
/sxePhil (Philip DeFranco)
/LoganPaulVlogs
/MatthewSantoro

擇己所愛

聽好,如果你在這裡走出一條路,成為成功的 YouTuber,你會有很長一段時間,每天都在製作影片,所以,如果你並不喜歡這件事,千萬不要跳進來。如果你製作的影片與你的真實身分及喜好並不相符,你很快就會感到厭倦。捫心自問,自己這輩子最熱衷的事物是什麼,你有什麼不同於其他人的特質,然後以此作為頻道發展的基礎。

麥可的故事

這是一個長達十年的旅程,過程中,我的際遇全都很神奇地結合在一起。我一直想成為 MTV 頻道的 VJ,所以我在大學選修電視相關課程,學習電影、寫作與錄製。我也參與電視相關計畫,以學習各種技能,為自己在螢光幕的職業生涯做準備,但是在我無法如願成為 VJ 之際,我發現了 YouTube。我當時完全沒有預算,這完全不同於電視節目製作。我從小做起,進行各種試驗;我替我的偶像金凱瑞(Jim Carrey)寫了一部電影,並決定以他成名之前的經歷為主題製作影片。後來,這支影片吸引了無數人的目光,也成了我網紅生涯的起點。

找到合適的定位

要以 YouTube 為生，並不需要數百萬的訂閱者。條列式影片、化妝教學與開箱影片都已經有很多人在做了，所以請想想，為什麼會有人想要觀賞你的頻道。如果你的觀點是讓你與眾不同的原因，就算只能吸引數千人而非數百萬人，也沒關係──已經可以動手了。YouTube 最棒的地方在於，你可以用一些隨機主題製作影片，例如滾彈珠比賽，並藉此獲得驚人成就。YouTube 上有無數頻道，而且還在不斷增長，所以你應該找一個較小且能迎合自己愛好的市場定位。

山姆的故事

我是從音樂新聞開始的。2007 年，為了避免做朝九晚五的工作，我說服編輯讓我為我們的 YouTube 頻道製作訪談樂團的影片。我充分利用這個機會，讓自己效仿 MTV 頻道新聞的主持人，不過，我很快就發現自己渴望擁有自由。在那之前，我曾在一家中型媒體公司就職，YouTube 頻道是我工作的一部分。當他們想要關閉頻道時，給了我機會，我買下這個頻道，繼續經營它，製作以忍者龜重金屬與聖戰主義饒舌歌為題的影片。

/THISEXISTS
山姆・蘇瑟蘭
Sam Sutherland
訂閱人數: > 36.5萬

最喜歡的YouTuber:
/NerdyAndQuirky
(Sabrina Cruz)
/ContraPoints
/Robs70986987
(Rob Scallon)

THIS
EXISTS

尋找你的市場定位

「This Exists」的山姆（參考第 12 頁）認為，YouTuber 要找到自己的市場
定位，才能擁有大量觀眾且得到歸屬。但是，要怎麼做才能找到市場定位？
我們在這裡列出一些方便實用的項目。

深潛一下

先花幾個小時在 YouTube 上觀看影片。搜索與
你想製作的內容相關的影片，然後掛在上面觀
看所有相關的以及「下一個」影片。天知道你
最後會看到什麼，不過你將會為自己的題目發
掘出一些從前可能沒想過的有趣角度，這也可
能會激發出個人的獨特見解。

善加利用自動填寫程序

當你在 YouTube 的搜索框中輸入內容時，它將
自動填寫熱門搜尋字詞。這東西絕對是寶貝，
因為它能顯示出人們都在找些什麼。現在就試
著輸入看看！我試過「狗衣服」，這是個很普
通的關鍵字，結果自動填寫跳出來的詞條包
括：攜帶南瓜、萬聖節、有手的、自己動手做、
給人穿的、攜帶啤酒等。每一個詞都是可以用
來製作影片的潛在利基，值得加以探索。

確保這是一個受歡迎的市場定位

所以，你決定專注在「自己動手做狗的南瓜裝」。我完全支持。為了確保觀眾對這個市場定位有足夠的興趣，你應該試著回答下面這幾個問題：

已經存在的相關影片是否有很多觀看次數？

這些影片是最近拍的嗎？

這些頻道是否有訂閱者？人們會留言嗎？

你覺得狗的南瓜裝這個題目的影片，能拍的都被拍完了嗎？或是你可以帶來什麼新意？

最後的檢查

問自己一個關鍵的問題：

「我會一直只熱愛著『狗的南瓜裝』這個題目嗎？」

接下來，就可以著手設置 YouTube 頻道了！

DO
everything
WITH
love

hello HELLO HELLO
hello HELLO hello
HELLO hello HELLO
HI hi Hi!
hello hello
HELLO HI
hello HI hi HELLO
HELLO HI hello
hello HELLO
HELLO hello
HI hello hi HI
hi HELLO HI hi
HELLO hello HELLO
HI HI hello hello
hello HI
HELLO
HELLO HELLO
greetings hello

/AMANDARACHLEE
阿曼達·拉什·李
Amanda Rach Lee
訂閱人數: >140萬

最喜歡的YouTuber:
/sxePhil (Philip
DeFranco)
/JunsKitchen
/JennaMarbles

穩定性是關鍵

每次發布的影片內容要有一致性。很多人開始沒多久，就已經不耐煩。我知道，一開始可能會讓人感到沮喪，因為你獲得的觀看次數可能不如預期，不過你應該持續發布喜歡主題的影片，這能讓你獲得實質的成長。我一直堅持於經營自己的頻道，而且在三到四年後才開始看到適當的成長。在那其間，並沒有什麼成功的保證，或是能讓製作 YouTube 影片成為全職工作的希望，不過我堅持了下來，單純就是因為我喜歡創作，也喜歡與我的觀眾互動，和那些一開始並沒有獲得大量迴響的 YouTuber 一樣。我發現，剛開始的成長非常緩慢，不過隨著時間推移，會開始呈現指數增長，所以一定要堅持下去，穩定發布影片。

阿曼達的故事

在投入這一行之前，我早已是 YouTube 的狂熱觀眾。我15 歲生日時，獲得了一臺相機，於是我開始拍攝影片，並把影片上傳發布。我覺得很有趣，所以堅持了下去。不過，我保密了一年，才告訴我的朋友和家人。我最初製作的影片以時尚和美容為主題，不過大約兩年，訂閱人數達到十萬以後，我轉而製作真正喜愛的影片：藝術、日記與塗鴉。我的觀眾群更因此擴大，吸引了更多喜愛我風格平實的藝術的人。

讓它能持續下去

製作影片就像減肥。如果你想減肥，採用極端飲食法，一定撐不了一個月。如果你花了很多時間製作影片，卻無法堅持下去，那麼你可能搞錯方法了。我家有個車庫，裡頭有臺液壓機，能用來壓碎東西。這是一個可以持續且很容易就能重複的格式，也一直都很受歡迎。剛開始的時候，我每週工作九十小時，不過現在我比較能控制時間，大約五十小時就能搞定。你需要製作能夠一直持續創作、發布的影片。

液壓機頻道的故事

我曾在 YouTube 上看過類似的影片，例如將炙熱的金屬物品放到不同表面上，看會發生什麼事。我們的車庫裡有很多有趣的東西，液壓機每個月大概只會用到一次，所以我在 YouTube 上找了找，看看是否有其他頻道以液壓機壓碎物品為主題，結果發現沒有！我開設了這個頻道，製作了前十支影片，然後就一直用差不多的格式製作下去。有一次，有人在 Reddit 上轉發了我們的影片，讓我們在一天之內就獲得了 200 萬觀看次數，而在兩個月內，我們的訂閱人數達到 100 萬。我的家人很自豪。現在，製作這樣的影片對我而言已是稀鬆平常的事了。

/HydraulicPressChannel
/BEYONDTHEPRESS
液壓機頻道
Hydraulic Press Channel
訂閱人數: > 230萬

最喜歡的YouTuber:
/JoergSprave
/IsaacArthur
/ScottManley

DESTRUCTION
TUBER
SIMULATOR

DOWNLOAD
NOW

DESTRUCTION
TUBER
SIMULATOR

DOWNLOAD
NOW

/SHALOMBLAC
莎洛姆·布拉克
Shalom Blac
訂閱人數: > 130萬

最喜歡的YouTuber:
/TaliaJoy18
/LilPumpkinPie05
(Jackie Aina)
/JamersonJamessss
(James Butler)

脆弱的力量

脆弱幫助我克服了許多恐懼。我讓自己變得更直率，製作影片去揭露一些人們可能因為害怕受到批評而不願談論的事情。這幫助我發展自己的頻道，以及自尊。我覺得，即使只有一個人感到共鳴，我也不孤獨，而且我也在幫助其他人。因為我的外貌，我從來不覺得自己會達到今日所處的位置。由於自身缺陷，我將潛在劣勢加以運用，將它化為一股力量，這也幫助我接觸到更多觀眾。

莎洛姆的故事

我在 YouTube 上看到一位名叫 Talia 的 YouTuber，她在抗癌的同時，製作有關化妝與開箱的影片，她因為治療而掉光了頭髮。我也是禿頭，過去我從來沒有意識到，有人能夠這麼勇敢，就這麼把自己暴露出來。我是燒傷倖存者，我來到 YouTube 網站，是為了學習如何遮掩我的傷疤，但是我很難找到適用的資訊，因為很少人的傷疤跟我一樣嚴重。我必須自學。我在學校與網路上都受到霸凌，不過我還是設置了自己的頻道，向其他燒傷倖存者展示我的自學成果。很多人問起我的故事，所以我也拍了一段影片解釋發生了什麼事，自此以後我的觀眾突然快速增加，我的頻道也發展了起來。

不要發布前15支影片

我是認真的。以後你會感謝我的。當你再次看到以前拍的影片，你會以為自己變了，但其實你只是在過程中慢慢找回自己。第一次坐在攝影機前面的經驗是很尷尬的。等你感到比較自在的時候，真正的你才會出現在鏡頭前，因此你應該先進行多次試拍，開始創造個人風格，讓自己在鏡頭前能自在些，先不要上傳這些影片。等到你終於開始上傳影片時，會比最初拍攝的那些還要更接近真正的你。我曾和許多創作者分享這個經驗，他們都希望自己一開始是這麼處理的，只是已經太遲了。所以，說正格的，千萬不要發布你的前 15 支影片。

莫莉的故事

2008 年，我失去了視力，也罹患了憂鬱症。我開始看 YouTube，原本以為上面只有貓的影片而已，卻在生活方式與美容社群中找到與自己志同道合的影像部落客。我在 YouTube 上狂看那些女孩拍攝的影片，她們就像是我的朋友。我看不到商店櫥窗裡的東西，也無法閱讀雜誌，不過在 YouTube 上，我可以聽人談論時尚與化妝，所以我開始嘗試一些東西。即使看不到，我還是可以理出一些頭緒，並發現這能幫助我重建自信。我的觀眾說他們喜歡我的妝容或衣服，我認為這是 YouTube 的功勞，它讓盲人女孩也能獲得流行時尚與美容方面的建議。

/MOLLYBURKEOFFICIAL
莫莉·柏克
Molly Burke
訂閱人數: > 180萬

最喜歡的YouTuber:
/Shane (Shane Dawson)
/SafiyaNygaard
/CaseyNeistat

打造你的家

重要的第一步：先把 YouTube 頻道完全設定好，這應該很容易理解。這是你在平臺上的家，打從一開始就多給點關愛，絕對是個好主意。讓我們以第 30 頁的糖霜藝術家為例，來解析一個頻道的組成。

名稱代表什麼？

讓 YouTube 頻道的名稱成為你和頻道內容的代表。你不必使用真名，所以要發揮創意。

巧妙運用空間

頻道的首頁有一個很大的橫幅區塊，能夠上傳自己的插圖。有些 YouTuber 會將這裡用作公告影片發布日期的空間。

善用預告片

可以針對造訪頻道卻尚未訂閱的觀眾製作預告片。預告片應該要很簡短、逗人喜愛、輕鬆有趣、並解釋你個人和你的影片到底是什麼。無論如何，千萬不要用「歡迎來到我的頻道」開頭，那實在有點瞎！

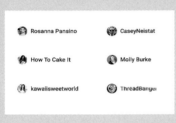

Laurie Shannon "The Icing Artist" teaches the easy way to make WOW-worthy desserts with just a few simple tools and ingredients. Even the non-bakers will fall in love with the captivating and satisfying way Laurie makes her amazing creations. Constantly reinventing cakes and playing off (and poking fun at!) trends, there is always something new and exciting on The Icing Artist!

NEW yummy videos every week!

Have a cake question??? Shoot me an email!

建立聯繫

可以將相關頻道加到你的頻道裡，這可以是你所擁有的其他 YouTube 頻道、友人的頻道、或是你喜愛的 YouTuber。你也可以加上自己的各種社交網站連結，例如 IG 與臉書。你和粉絲可以在你的社群或討論區中發布文字訊息、圖像與連結。

運用播放清單

開始上傳影片時，請確保將影片加到播放清單中，並定期檢查是否能創建新的播放清單。你可以製作不同的播放清單，將自己和其他人的影片結合在一起。

關於

「關於」欄位用來發布你是誰、你的專業、人們可以對你有什麼預期、以及該如何與你聯絡的資訊。可以在這裡加上電子郵件位址，作為聯繫方式。只要清楚說明這個電子郵件位址的用途即可，例如只用於商業與合作咨詢。

養隻狗

沒有什麼比寵物更能拉近人與人之間的距離了，我的看板犬 Stella，可以說是我的頻道與生活中非常重要的一部分。當我話家常時，她會乖乖坐在一旁；作為我沉默的共同主持人，她完美陪襯我可能講述的任何冒險故事或荒謬事蹟。我們每週製作兩部狗影片，講講我們的日常生活。我有點口吃，而她有專屬字幕。我們也有一個動畫系列叫做「治療犬」，隔週六發布。Stella 絕對是我們受歡迎的一個重要原因，她在頻道裡有自己的觀眾群，我知道有些人只是為了看她而來。

德魯的故事

每到新年，我都會給自己設定目標。2014 年，我決定要做超過 500 部喜劇（最後我做了 592 部），並且創作更多內容。我買了一臺相機與剪接軟體，當時的我對攝影與剪接都一無所知，卻大膽訂下目標，要求自己每週發布兩支影片。在還沒有決定格式的時候，我已經開始製作 YouTube 影片。最後我決定要記錄自己的生活，並想到了拍攝狗影片的點子。現在，我發布的影片以單口喜劇為主，這其實也是我當初創建這個頻道的原因，此外，我也會為那些想要以不同形式欣賞內容的觀眾發布動畫影片。

/WORDSRHARD
德魯‧林奇
Drew Lynch
訂閱人數: >200萬

最喜歡的YouTuber:
/CaseyNeistat
/sxePhil (Philip DeFranco)
/HotBananaStud (Brandon Rogers)

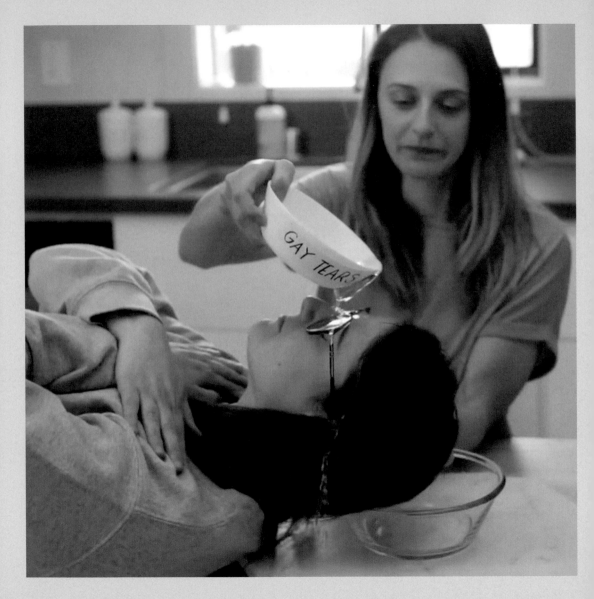

/UNSOLICITEDPROJECT
婭德里安娜與莎拉
Adrianna and Sarah
訂閱人數: >43萬

最喜歡的YouTuber:
/EveryFrameAPainting
/MirandaSings08
/BadLipReading

自我調侃

我們喜歡自我調侃。我們製作影片大開同志議題的玩笑，它讓我們大家都能輕鬆一下，獲得一些樂趣，甚至從不同的角度來思考。和朋友與社群一起，試著找到嘲弄自己的方法。當然，不要太刻薄。我們有一支影片題為「女同性戀會嫁給你的男朋友」，這是一支模仿 College Humor 劇團的影片，它在網上瘋傳，這件事給我們帶來啟發，讓我們自費製作影片自娛。

婭德里安娜與莎拉的故事

我們兩人都曾在洛杉磯的電影電視製作公司實習，那時婭德里安娜寫了一個試播性質的喜劇。我們想到，「為什麼不把它變成一個網路系列呢？」我們在 YouTube 發布了四集，在獲得約 800 次瀏覽時，感到非常興奮！於是我們繼續製作影片，其中有一些成為熱門，讓我們的訂閱人數從一開始的少數幾人上漲到 20 萬。我們想要製作時間更長的腳本內容，所以我們做了一個 Kickstarter 活動，好製作我們的第一部劇情長片，而這部影片現在也已登上 Netflix。自此以後，我們又拍了另一部電影，同時也有更多計畫正在籌備中。

測試、測試、再測試

/THEICINGARTIST
蘿莉·香儂
Laurie Shannon
訂閱人數: >370萬

最喜歡的YouTuber:
/IISuperwomanII
/CaseyNeistat
/RosannaPansino

我個人堅信，千萬不要假設某種作法是萬年不敗的，所以我們會進行所有可能的測試。我花了點時間才真正了解我的觀眾群，知道如何與他們建立個人關係。我曾測試不同風格的內容，發現人們喜歡看到他們喜歡的人物、動物與食物變成蛋糕。蛋糕製作大集合也有非常出色的表現——我們最受歡迎的影片已有超過1.5億的觀看次數。我試了10或15個縮圖，發現黃色與有臉的蛋糕效果最好。我也會測試不同的標題，例如「如何製作兔子蛋糕」相對於「躍然桌上最可愛的兔子蛋糕」的效果。實際測試、調整的結果，讓我的訂閱人數在一年半的時間內從8萬人上漲到250萬人。所以我的建議，就是要測試任何能試的東西。

蘿莉的故事

我原本從事櫥櫃製作，不過我想要找一份更有創意的工作，所以去了一家麵包店。雖然烘焙聽起來具有藝術性，不過那時我做的只是拿取出爐麵包的最低薪工作。於是我先生和我決定在YouTube上碰碰運氣。一開始我什麼都不會，在父母住處的地下室拍攝了第一支影片。我知道我想在家工作，也覺得如果自己夠努力，這樣的工作應該可以為自己帶來額外的收入。剛開始的三年，我每天晚上與每個週末都在工作，同時還有另一份全職工作。現在，它已經成為我和先生的全職工作，而且我們還養得起一個成長中的團隊。

/SHANNONBOODRAM
珊·布迪
Shan Boody
訂閱人數: > 44萬

最喜歡的YouTuber:
/SchoolofLifeChannel
/TEDtalksDirector
/GetTheGuyTeam
(Matthew Hussey)

不要自我設限

和大公司合作，總是讓我更感激自己的 YouTube 頻道，因為我在這裡有絕對的自由，可以做想做的事。我過去一直都在從事性教育，所以我的粉絲知道他們會在我這裡聽到什麼，只是不知道會以怎樣的形式聽到。它可以是一個採訪、一個節目、一個合作計畫、一個評論、也可以是腳本故事。我覺得自己就像是表演者，儘管我堅持自己的主題，在講故事的時候，我並不會自我設限。能提供一些不一樣的東西，會讓人們感到興奮，如果你不限制自己的創造性，就可以避免對自己的內容感到厭倦。

珊的故事

我在 2009 年出版了一本有關性教育的書，當時也和一個朋友一起經營部落格。在那個時候，YouTube 對我們而言只是一個可以上傳並儲存影片的地方。我們在 2011 年結束了部落格，差不多在那個時候，經營 YouTube 逐漸演變成真正的職業契機。一開始，我有點抗拒 YouTube，因為我出過書，曾上過電視，也曾參加過三次試播節目，雖然最終沒被選上。不過後來，我還是覺得應該再給 YouTube 一次機會，如今，我可能永遠都不會離開了。

在按下錄影鍵之前

你做了頭髮,穿上可愛的流行服飾,甚至在鏡子前針對姿態與聲音做了練習。你準備好要拍影片了,不過在按下錄影鍵之前,必須先考慮四件事,確保錄下來的東西能滿足一些基本的品質要求。跳過這些步驟,就得承擔風險,因為沒有人會喜歡品質不好的影片。

拍攝器材

目前大多數智慧型手機都能拍攝高畫質 4K 影片,所以你可能已經擁有拍攝所需的相機了。如果你想要使用更專業的器材,可以考慮數位單眼相機,不過也得準備好在麥克風等配件上多花點錢,因為大部分數位單眼相機並沒有內建麥克風。你可以去當鋪、二手商店與網路商店找找看,很多人花錢購買數位單眼相機,卻發現用上的機會並不多,決定脫手,因此你可以挖到寶。

平穩拍攝

一般而言,影片不該晃動。替自己準備三角架或單腳架,如此就能將相機裝上去,拍下穩定的鏡頭。三腳架與單腳架的價格合理,很容易在網路上購得。你甚至可以找到一些能夠纏在其他東西上面、手持式或能變身成自拍棒的腳架。

照明充足

若能在太陽改變位置之前拍完影片，尤其是如果你總在一天中的同一個時間拍攝時，你可以採用自然光。儘管如此，最好還是投資一些簡單的照明設備，如此 一來就能確保影片始終有充足的照明。你可以在家中搜羅幾盞燈來用，或是投資 YouTuber 的夢想照明設備：環形燈。這種設備讓每個人都看起來美美的，包括你在內。

蛤？你說什麼？

許多人忘記了高品質音頻的需求，不過坦白說，這比其他任何東西都還重要。音質不好的影片，會讓人立刻關掉。拍攝時應先進行測試，確保你能有好的音質。可以先從一個保證安靜的房間開始測試錄音效果，如果對成果不滿意，則可以投資好一點的麥克風，連接到相機上。發布音質不好的影片，就準備接受負評吧。

保有爭議性

/JUSTDESTINY
JustDestiny
訂閱人數:> 170萬

最喜歡的YouTuber:
/PowerfulJRE
/BGFilms
/H3Podcast

我的頻道有爭議性。我製作影片是因為我想做，我會談論一些其他人可能會避開的話題，尤其是因為「營利功能遭停用」的緣故（指影片可能因為內容而失去獲得廣告收入份額的資格）。如果我的內容涉及其他創作者，他們與其粉絲可能會覺得受到冒犯，不過這些都是很主觀的。有些人覺得很搞笑，有些話題的爭議性比較高，我發現爭議性取決於我談論的主題（對檯面人物的大肆抨擊或評論），以及談論的方法（有沒有腳本）。即使會傷害到他人情感，我還是會毫不猶豫地說出來。我不怕得罪人，這正是我頻道的特色。不過我也會試著加入一點幽默感。我甚至不認為自己是 YouTuber，我認為自己是內容創造者。

JustDestiny的故事

我曾是電玩遊戲《Destiny》的遊戲主播，不過當我意識到這並不適合我的時候，便決定改變。我開始製作社會評論影片，在那裡針對很多話題發表意見。有一則以 Jack Paul 為題的影片吸引了更多觀眾，於是我製作了更多關於 Danielle Bregoli、Woah Vicky 等爭議人物的影片。一切都是從那裡開始的。我努力工作，在YouTube 上面全力拚了好幾年，才終於被看到。

Could She Really Be Black?

Nusa
Penida

/LOSTLEBLANC
克里斯蒂安·勒布朗
Christian LeBlanc
訂閱人數: >110萬

最喜歡的YouTuber:
/PewDiePie
/Codyko69
/sxePhil (Philip
DeFranco)

讓人產生共鳴

我的祕訣是「專注關聯性」——我的觀眾想要什麼，以及我如何在帶來娛樂的同時也加以啟發。我希望觀眾能成為我的旅程的一部分，甚至讓他們想抓起背包，馬上就出發。我的核心觀眾喜歡冒險，因此我的影片著重在省錢背包客風格的旅行。我會問自己，「他們可能感同身受嗎？」藉這個問題幫助我做出真的能讓人產生共鳴的影片。向你的觀眾做出承諾，思考他們能如何對你的內容產生共鳴。

克里斯蒂安的故事

我在修習商學學位的時候曾去泰國做交換學生。我知道我很快就會成為朝九晚五的上班族，所以想要保留這些記憶，就用 GoPro 拍下了我的旅行。大約五個月後，原本只有數十個粉絲的消遣，成了一個訂閱人數約 2 千人的頻道，這些人都對在亞洲做學生背包客很有興趣。我找到一份會計工作，不過，三個月後就辭職。我提前結束公寓的租約，賣掉我的財產，然後買了一張去泰國的單程機票。我敲開青年旅館的大門，以拍攝影片交換住宿，並在六個月內讓訂閱人數達到 5 萬。現在，我製作的是能為人帶來啟發的旅行內容，講述我的創業故事。

無需言語

我們在世界各地的接受度都很高，因為我們不使用任何對話。這是最純粹的喜劇形式，它靠的是動作，不是講笑話，而是要表演笑話。並不是所有 YouTuber 都能採用這種平易近人的形式，那取決於你到底想做什麼。可以針對特定族群、採用一種語言製作影片內容，或是尋找一種方式，利用視覺效果而非對話，藉此擴大你的影響力，吸引更多觀眾。

Buttered Side Down的故事

我們原本就是製片人，不過一直想設立一個 YouTube 頻道，能娛樂更廣大的觀眾，嘗試更多想法，也更快速地推出新計畫。我們過去拍攝短片時，每部得花上一年的時間，而換作 YouTube，每兩週就得達標一次，才能更快獲得回報。我們用 YouTube 來讓自己盡快獲得創作上的成功，藉此驗證我們的工作，證明我們的理念。當全世界都認為我們的點子很讚、效果很好的時候，真的很棒。

/BUTTEREDSIDEDOWN
Buttered Side Down
訂閱人數: >100萬

最喜歡的YouTuber:
/YouSuckatCooking
/CaptainDisillusion
/RedLetterMedia

42

/RICHFERGUSON
里奇·費格遜
Rich Ferguson
訂閱人數:> 260萬

最喜歡的YouTuber:
/AmericasGotTalent
/CoryCotton (Dude
Perfect)
Anything Penn & Teller

主題是有魔力的

如果你對影片與頻道有太多不同的想法,想同時一網打盡,就無法讓所有人都開心。你需要一個主題。當然,如果想要偏離主題,你也可以開設其他頻道,不過這樣的工作負荷是很重的。相反地,你應該讓所有影片都圍繞著一個主題,用主題把所有影片串連起來。舉例來說,我會確保我製作的所有影片都跟搞怪有關,無論是玩魔術,或是惡作劇影片。不要分散自己的經歷,而是要找到能串起所有影片的主題,並始終堅持。真正的魔法就在主題裡。

里奇的故事

我原本是用 YouTube 來發布宣傳素材,藉此在部落格上嵌入影片,不過後來我開始收到一些要求用魔術搞怪的留言,所以我開始製作惡作劇與魔術搞怪影片。在一段影片中,我把頭拿下來嚇人,這支影片一夜之間得到 1 千萬瀏覽次數,而且很快就達到 1 億次。我覺得我應該再試試看,於是我打開營利設定,開始每週製作一支影片。我已經這麼做了很多年,它可以說是完美的副業,補足了我專業魔術師、作家與演說家的職業生涯。

使用你的YouTube嗓音

確實是有「YouTube 嗓音」這樣的東西。而且你已經聽過無數次了。YouTuber 在影片的開頭，會以歡快、很 high、唱歌般的語調說：「大家好！我來了！抱歉我一陣子沒拍影片，這陣子真是忙翻了。」在整段影片中，他們始終維持著那種快節奏、活潑熱情的聲音。為什麼要這樣呢？

原來，這種說話方式特別能夠吸引並保持觀眾的注意力。如果你製作的影片，只有你對著攝影機講話，那麼使用這種 YouTube 聲音的效果會特別好。若不提高語調，平鋪直敘的獨白是很無聊的，所以你可以試試下面的方法。

精力充沛

無論你在講什麼，都要精力充沛地說出來。當人們觀看你的影片時，如果他們覺得你自己都不投入，他們又為什麼要花精力觀看？在你按下錄影鍵之前，先做好充分的心理準備，提振自己的精神。原地跑步，照照鏡子，給自己打氣，告訴自己「你很棒」，做點事讓自己進入最佳狀態。當按下錄影鍵，你應該已經處於開機狀態，準備好充滿幹勁地開始。一開始就要精力充沛，並在錄影過程中維持著這樣的精神，只有在攝影機關閉時才能鬆一口氣。

善用強調

你可以在幾個字詞上特別加重語氣、拉長音調、上下調整音量等,用許多方法來做重點強調。你應該強調單詞,藉此吸引觀眾的注意力;只要看看本書中的一些YouTuber,你很快就會注意到他們如何改變自己說話的方式。若能善加運用強調的方式,你將獲得並維持注意力,用平鋪直敘的單調聲音來訴說,絕對會讓人離開。

能獲得注意的語速

將精力、強調與語速結合起來,形成一個成功的公式。「語速」就是說話的速度。你可以加快語速、放慢語速、或是始終保持輕快。快速剪接的技巧有助於消弭死氣沉沉的氛圍(參考第 56~57 頁「編輯祕訣」),保持節奏。這其實也讓錄製影片更容易,因為你可以一小段一小段拍攝,最後利用剪接拼起來。

最大化長青片的效益

/FUNCHEAPORFREE
喬丹·佩奇
Jordan Page
訂閱人數: > 56萬

最喜歡的YouTuber:
/TheBucketListFamily
/BadLipReading
/MyChicLife (Rachel Hollis)

最實用的長青型內容，始終在我列表的上方。你們很少會看到我針對當前趨勢，或具有季節性的特定主題製作影片。舉例來說，我不會用「我最喜歡的秋季食譜」，我會用「我最喜歡的慢燉鍋食譜」，如此以來觀眾一年四季都會點擊觀賞。你終年都可以提到這些影片，因為它們一直都有相關性；如果你依趨勢來製作影片，當下可能會獲得一些額外的點擊次數，不過卻會錯失影片的長期效果。所以，應該盡量讓影片變成長青型影片，便能在一年四季最大限度地提高點擊潛能。

喬丹的故事

我從 2011 年開始經營部落格，偶爾在 YouTube 上傳影片，並轉貼到部落格與社交頻道上分享。快轉到幾年後，YouTube 已成為我發展最快、最有效且最投入的平臺。我製作的影片，以節儉生活、風格、預算、生產力、以及我作為妻子和母親的生活等為主題。我總是把家庭放在第一位，所以我必須注意提高生產力與工作效率，而不是更努力地工作。我每天約莫花上兩小時進行拍攝與編輯，每週四天，這樣的工作量是我能應付的，如此一來，我就能在工作、先生與我們的六個孩子之間取得平衡。

1: BUY IN BULK

/hotbananastud
布蘭登・羅傑斯
Brandon Rogers
訂閱人數:> 500萬

最喜歡的YouTuber:
/DailyDoseofInternet
/HowToBasic
/ShootYourMouthOffFilms

搜集你的隊友

當你遇到一個聽起來或看起來很奇怪的人,或是很有趣、很漂亮、很噁心或其他以各種方式脫穎而出的人,千萬要把握。你可以藉此創造你的隊友,在影片中加以運用。我努力網羅了一群各有特色的人,他們互相都處得來,而且感情好到像家人一樣。我曾合作過的對象都進入了我的生活,現在,他們的長處也都成為我創作的力量。我發現在片場中,九成的氛圍來自你在鏡頭外的感覺,因此你應該與你所愛的、彼此能相處融洽的團隊一起工作。

布蘭登的故事

學生時代,我們會製作搞笑影片,並在影片俱樂部播放。當我第一次聽到有人因為我的作品發笑,我真是 high 翻了。十年來,我不停地製作影片並發布到 YouTube。有一天,我醒來看到一個朋友的訊息,說我的頻道爆紅了。法恩兄弟(Fine Brothers)製作了一支有關我的影片,結果好像打開了防洪閘門一樣。這些年來,我一直以為自己在浪費生命,不過當人潮來到我的頻道,看到這麼多年累積的影片時,這個頻道就在一夜之間爆紅起來。

分解重組

如果你的內容開始讓人感到過時，那就應該勇於冒險，不要害怕做出改變。我們在做出一個近乎自殺的改變時，取得最大的成功，結果證明那是最正確的決定。要勇於冒著失去一切的風險，做出重大改變並不容易，不過終究會帶來更大的成長。試著克服恐懼，告訴自己「這是正確的選擇，即使我為此付出一切，我也願意這麼做。」

格蘭特的故事

我曾開過校車，在鑽井平臺上工作，當過飛行員，也曾任職房地產業，不過現在擁有一個 14 人團隊為我的 YouTube 頻道工作，我個人則已經半退休。我們每週製作五支影片，靈感來自任何我想弄清楚如何運作的事物。我最自豪的是，我們能把複雜的事物分解成簡單的元件。有個朋友給我起了綽號叫「隨手王」，因為我總能隨手拿出什麼一直在試驗的東西給他看。我的影片所要表達的，就是你可以用任何東西做任何事情。

/THEKINGOFRANDOM
格蘭特·湯普森
Grant Thompson
訂閱人數: > 1140萬

最喜歡的YouTuber:
/KipKay
/HouseholdHacker
/TheBackyardScientist

/CASUALLYEXPLAINED
Casually Explained
訂閱人數:> 210萬

最喜歡的YouTuber:
/BillWurtz
/ButteredSideDown
/YouSuckatCooking

過程中全力以赴

不要因為別人不喜歡你的影片，就認為自己不夠好。有人不喜歡我的影片，並不意味著他們不喜歡我這個人。我將每一支影片都當成能夠改進下一支影片的機會。你應該讓自己從得到負評的情緒中抽離出來，修正方法。你必須在過程中盡全力：做出最好的內容，是唯一重要的事。

Casually Explained的故事

還在大學修習工程學的時候，我決定製作一些以微積分等為題的影片，藉此激勵自己，讓自己通過該課程。我做了一個很長的笑話影片，傳到 sub-Reddit 上。這支影片被轉貼很多次，一夜之間就有 30 萬觀看次數。我想，也許我可以再這麼做一次，結果就一直這麼做下去了。頻道的成功，讓我決定在大一結束時輟學，轉而追求 YouTube 事業。原本為了想完成學業而做的事，最後卻導致我輟學，也挺荒爾。

大聲說好

我們給任何想要向我們看齊、擁有像我們這樣頻道的人的建議是：大聲說好。我們非常相信機緣和巧合。當你開始經營一個 YouTube 頻道，宇宙會神奇地把你需要的事情都擺到眼前，或是幫你移除障礙。你應該對它們說「好」。接受機緣巧合，嘗試新事物，儘管你不相信它們會帶來任何成果。我們最受歡迎的影片是關於一個沒有法律、被遺棄的城市，那時我們不確定會不會有人觀看，以至於那支影片差點胎死腹中。後來我們決定賭一把，結果它的點擊率高達 1800 萬次。所以，即使你猶豫不決，也要說「好」。事情的發展可能會讓你大感意外。

Yes Theory的故事

我們是因為一個「30 天做 30 件事」的挑戰而建立起密切的關係，當時我們決定每天做一支影片。即使這個挑戰不能為我們帶來什麼成就，但它應該很好玩，也會帶來精彩的故事。挑戰結束時，我們真的非常開心，當時已有約莫 1 萬訂閱人數。後來，加州威尼斯的一個工作室問我們是否想搬到那裡，為他們製作內容。我們答應了。我們繼續經營著自己的 YouTube 頻道，也就是後來的「Yes Theory」。自此以後，我們一直都在大聲說「好」，現在已有超過 260 萬訂閱人數。

/pracprocrastination
Yes Theory
訂閱人數:> 430萬

最喜歡的YouTuber:
/DanTheDirector1
(Dan Mace)
/AndreasAHem
/ColinandSamir

動起來！

你可以編輯影片，把拍攝混亂的秒數剪掉，加快轉速，調整音頻，添加圖
解，進行任何可以讓影片看起來更棒的動作。基本的編輯技巧並不難學，
以下是一些幫助你入門的訣竅。

寶貝，記得備份！

來吧！你已經拍好影片，
準備要剪接了。在做任何
動作之前，先備份。一定
要在某處保留一份完整
且未經剪接的原始檔案，
可以存在硬碟、記憶卡或
雲端。如此一來，若是需
要原始檔案，就能隨時取
得。失去原始檔案，表示
如果出了什麼問題，就得
從頭拍攝。

選擇工具

大多數筆記型電腦與桌機
都已經安裝了某種編輯軟
體。例如，蘋果電腦通常
會預先安裝 iMovie。如果
你想要更專業的軟體，可
以考慮 Adobe Premiere CC
或 Final Cut Pro。

精煉、精煉、再精煉

許多人會先將影片進行粗
略的剪接，然後再加以
修改。仔細看你拍攝的影
片，找出哪些片段吸引你
的注意力，哪些片段讓你
打瞌睡。接下來再看一
遍，想想你製作這支影片
的初衷。如果偏離初衷的
部分是搞笑或有趣的，可
以保留，不過應試著保持
影片訊息清晰簡潔。

圖像化

可以按影片內容，試著添加圖形。當 YouTuber 侃侃而談時，這可能會帶來與主題相配合的有趣視覺效果。它有助於保持人們的注意力，增加影片的豐富性，如此一來，影片看起來就不只是你對著攝影機講話而已。

嘗試快速剪接

快速剪接是在 YouTuber 之間非常流行的剪接技巧。假使你拍了一支 10 分鐘的影片，對著攝影機講解萬聖節殭屍裝扮的化妝教程。剪接的時候，將任何沉默、停頓、「呃」與「嗯」等語助詞剪掉，讓整個影片的節奏快一點，保證受歡迎，因為它能抓住觀眾的注意力。

尋求幫助

堅持下去，因為熟能生巧。然而，如果不擅長剪接，還是可以向 Fiverr 等線上服務取得協助。大多數高人氣的 YouTuber，最後都會雇用專人進行影片剪接，因為剪接工作實在很花時間。

/PLANETDOLAN
/SUPERPLANETDOLAN
/THEDDGUIDES
杜蘭星球
Planet Dolan
訂閱人數:
> 580萬
> 180萬
> 110萬

最喜歡的YouTuber:
/Penguinz0
/FilmCourage
/VideoCreatorsTV

好事成雙

我的第一個頻道是遊戲頻道，第二個頻道是運用動畫來描述真實世界的教育頻道。如果你想要製作異於以往的影片，應考慮設置第二個頻道。有些粉絲會跟著過去，有些則不會。思考一下該如何同時管理好幾個頻道，會很有趣。能夠自我改造是很棒的事，儘管這很容易會讓自己過勞。

杜蘭星球的故事

我從澳洲的一個自雇者課程獲得一些資金，讓我得以製作大量遊戲影片，我把它當作試驗，看看什麼東西受歡迎。教育影片的效果很好，尤其是條列式影片，這類影片讓我的頻道突然大受歡迎。我繼續試驗，開始了第二個頻道，將動畫與教育結合在一起。

視覺化

擁有強大且具有吸引力的視覺內容非常重要。YouTube 是一種視覺媒體。我每寫完一首歌，就會去想與這首歌搭配的畫面是什麼樣的。當你對一支影片有個想法，開始把元素拼湊在一起的時候，就應該要盡可能地把一切視覺化。我喜歡專注在一個小元素上：例如，搭配我的歌曲《Tamale》，我可能會直接在裡面剖析 Tamale 的概念，讓它在影片中更具吸引力。你可以探索並利用日常生活的魔法，將事物視覺化。

丹妮爾拉的故事

在趕上 Nexopia 和 MySpace 的浪潮後，我開始使用 YouTube。人們正在上面創建個人資料，學習編碼。那時，我和朋友只是在鏡頭前閒逛，講講笑話、胡鬧，然後自娛一番。後來，我發布了一支翻唱 Michael Bublé 歌曲的影片，獲得 1 萬次觀看，在當時是很高的數字。結果我的頻道就慢慢發展起來了。現在，我會隨著直覺來選擇要翻唱的歌曲。那是一種很原始的感覺，覺得某個東西可能很棒。我翻唱 Radiohead 和 Gnarls Barkley 的幾首歌曲，改變了我的生活與職業生涯。我搬去更大的城市，現在也開始慢慢從翻唱走出來，以更傳統、更踏實的方式成為音樂產業的一員。

/DANIELASINGS
丹妮爾拉·安卓德
Daniela Andrade
訂閱人數：>170萬

最喜歡的YouTuber:
/ClothesEncounters
(Jenn Im)
/COLORS
/NPRMusic

GENESIS

DANIELA ANDRADE

/ONISION
/ONISIONSPEAKS
/UHOHBRO
Onision
訂閱人數:
> 200萬
> 200萬
> 200萬

最喜歡的YouTuber:
/NathanJBarnatt
/Laineybot
/HotBananaStud (Brandon Rogers)

合作

不要過度依賴演算法,因為它經常變化,你可能一夜之間失去整個事業。就我所見,始終管用的,就是要有好的人脈,並與合適的人一起工作。你應該與其他 YouTuber 建立聯繫,要求與他們合作。在不同頻道的工作中發揮創造力。舉例來說,我會製作觀眾可以在其他頻道找到不同結尾的影片。和知名 YouTuber 交朋友,你的頻道就能迅速發展。

Onision的故事

我隨空軍駐紮南韓期間,就一直在製作影片。早在 2007 年,我就開始在 Onision 頻道上傳觀點評論、音樂與喜劇小品的影片。YouTube 有時會在主頁上介紹我,有一天,我的某支影片達到 75 萬觀看次數。我的訂戶因此增加,我的頻道開始大受歡迎。最後我把頻道內容分類,另外設置了兩個頻道 Onision Speaks 和 UhOhBro,因為有些人只想看觀點評論的影片,不想看喜劇,反之亦然。

當成公司來經營

我負責管理一個團隊,確保我們能按時完成任務。我會寫腳本,找配音演員來錄製,告訴動畫師團隊要畫什麼,然後讓另一個團隊寫影片字幕。我甚至還有一個人為其他平臺如 Facebook 和 Amazon 編輯我的影片。管理是很大的責任,如果你不動,其他人就不會動,因此你應該將頻道當成公司來經營,確保每個人都能交付工作成果。

吉茲・加札的故事

我在 YouTube 經營 Gizzy Gazza 頻道已有 11 年了,我製作影片,只是因為它很好玩。當我在 2012 年開始做《Minecraft》遊戲影片時,我的頻道開始成長,在 3 年內達到約 100 萬訂閱者。我隨著時間慢慢調整,不過現在仍然是以遊戲為主,只不過是用動畫來表現。以一個 5 人團隊來說,製作每支影片大約需要兩週時間,我還會為那些想要更了解我個人生活的粉絲,穿插講故事時間的影片。

/GIZZY14GAZZA
/GIZLIFE
吉茲・加札
Gizzy Gazza
訂閱人數:
> 190萬
> 4萬5千

最喜歡的YouTuber:
/Pyrocynical
/PewDiePie
/Shane (Shane Dawson)

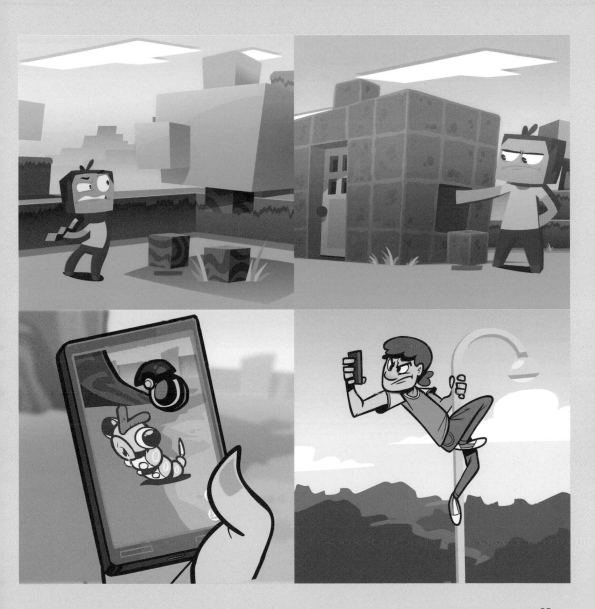

/WHEALTHBYSLAIMAN
/SLAIMANANDKATE
凱特・馬蒂諾
Kate Martineau
訂閱人數：
> 220萬
> 45萬

最喜歡的YouTuber：
/JennaMarbles
/LeFloofTV
(SACCONEJOLYs)
/ZoeSugg

完美惡作劇

YouTube 上有非常多惡作劇影片，什麼都不稀奇。我們是一對互相惡作劇的情侶，對伴侶惡作劇比對陌生人惡作劇容易。無論你惡作劇的對象是誰，事後都要確保他們沒事。如果他們不喜歡，就不要發布影片，直接把影片刪了。有時候惡作劇會出差錯，造成驚嚇。此時，你應該坐下來和對方好好談一談，決定該怎麼做。惡作劇很有趣，不過，你不會想因為惡作劇過頭而感到尷尬。只要彼此合拍就沒關係，否則友誼可能會破裂。

凱特的故事

我男友是 YouTube 頻道惡作劇情侶「Prank vs. Prank」的粉絲，有一天他對我惡作劇。我對這件事很反感，我不想成為那些經常在 YouTube 影片中被惡作劇的人。他給我看了影片後，我說他剪接得很爛，但他還是將影片上傳發布了。他繼續製作惡作劇影片之際，我逐漸對這個想法產生興趣，也開始對他惡作劇。我想到一個點子，製作「你一天可以惡作劇多少次」（How many PRANKS can you fit into one day）影片，結果這支影片讓我們大受歡迎。觀眾知道，儘管我們總是互相騷擾對方，我們之間有信任與愛的堅實基礎，所以這些惡作劇從來就沒有惡意。

影片播完了?引導下一步

製作影片時,請將最後 5~20 秒用作「結束畫面」。你應該曾在別人的影片中看過這樣的東西;他們鼓勵觀眾觀看更多影片或採取某種動作。以下是關於結束畫面內容的建議:

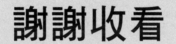

謝謝收看

前一部影片

我的推薦

訂閱更多影片

「觀看更多影片」
調出或連結到其他影片或播放列表。理想中，應該是一支值得接下去欣賞的影片，也許是後續或相關的影片。

「看看這個頻道」
藉機讓觀眾知道你另一個 YouTube 頻道，或是向他們推薦你朋友的頻道。

「別忘了訂閱」
不要忘記要求觀眾訂閱你的頻道，藉此確保他們會再回來觀看更多影片。

「前往我的網站」
你可以藉機宣傳自己的網站、社群媒體或其他網站，例如群眾募資活動。

「訂購新T恤」
引導觀眾到你的網路商店購買你的咖啡杯或 T 恤等周邊。

「專業提示！」
當你受邀參加 YouTube 的特別活動時，往往能獲得一些額外的功能，讓你提升結束畫面的效益。

巧妙取景

拍攝骨牌影片是一種藝術，我採用的是一鏡到底的拍攝手法。結束之後，人們會覺得彷彿做了一場夢。我在排列骨牌與安排所有特技鏡頭時，都要事先計畫，將腳架放在戰略性位置。一切都經過精心編排，這和骨牌的動態一樣重要。我不聘請攝影師，因為他們不知道該怎麼拍攝我的作品。無論是什麼影片，如果想要成功講述你的故事，就必須學會取景，事前計畫，確保能拍到你需要的鏡頭。

莉莉的故事

9 歲的時候，我就很喜歡排骨牌，然後把它們推倒。我在 YouTube 上搜索，發現有人拍攝排列骨牌的影片，讓我能看著它們一個個倒下來！我對此感到著迷。在 2009 年，我幾乎把 YouTube 上的所有骨牌影片都看遍了，並受到鼓舞。我需要更多骨牌，才能開始在 YouTube 上發布影片，成為這個社群的一分子。在過程中，我學到新的技巧，拍的影片也越來越多。越來越多人找到我的影片，世界各地的玩家都在我的影片下留言評論。這不算是個大眾的嗜好，但世界上有許多人和我一樣喜歡骨牌。這些評論促使我不斷發布影片，不斷排列新的陣式，現在我已是全職 YouTuber。

/HEVESH5
莉莉·海維斯
Lily Hevesh
訂閱人數: > 250 萬

最喜歡的YouTuber:
/CaseyNeistat
/IISuperwomanII
/ThisIsSmileyandShell
(Michelle Reed)

/Prestonplayz
普雷斯頓
Preston
訂閱人數: > 970萬

最喜歡的YouTuber:
/xJawz
/Tobuscus
/Matroix (Ali-A)

自己做研究

花在研究上的時間是值得的。我每次會挑五十個 YouTube 頻道進行研究，問問自己，「人們為什麼看他們的影片？他們在做什麼？他們如何讓自己與眾不同？有什麼祕訣？」通常，最簡單的答案就是正確的答案。不要照抄，而是要內化。盡量多消化 YouTube 上的內容，並好好吸收。你必須耗費大量時間做研究、挖掘和尋找那些能產生這麼多成果的藝術品。

普雷斯頓的故事

我早已藉著《Call of Duty》電玩遊戲建立起約 10 萬名訂戶，不過我希望他們能為我留下來。電玩比賽的壓榨讓人感到精疲力竭，我想像網紅 Tobuscus 一樣，散發驚人的正能量。我喜歡他在影片中的表現方式，以及他侃侃而談的評論方式。現在，我的事業正在慢慢擴張。信仰與家庭是我事業的重要組成，也是我生活的動力。我的父母都參與我的事業，我的妻子有一個訂閱人數超過 100 萬的頻道，我的弟弟會在我的影片中出現——他自己甚至也慢慢打響了名號。我的下一步是要運用 YouTube 平臺，經營更多事業。

找到你的固定形式

你必須找到適合的影片固定形式。只有當你傾聽觀眾、了解他們想要什麼的時候，才能開始慢慢調整這個形式（並賺錢）。我花了大約一年的時間，才找到適合我的影片形式。現在，我從抵達任何汽車的所在地、編寫腳本、拍攝影片到進行編輯，大約只需要 5 小時。觀眾會拿我的風格開玩笑，但我是想過的——我一定在影片的一開始就把焦點放在車子上。你也可以慢慢找到屬於你的影片形式。

道格的故事

大學畢業後，我在亞特蘭大的保時捷公司總部工作，得到一部保時捷 911 跑車作為我的公務車。這在你 21 歲的時候是很酷的一件事，但是當你拿到第 7 部 911 的時候，你會想，「我這輩子就這樣了嗎？向老闆租這些車子？」我覺得自己能做的，並不僅限於坐在小隔間裡處理電子表格，所以我辭職了，轉而替交通產業媒體《Jalopnik》撰寫有關汽車的文章。有一天，有位男士發了郵件給我，說我真的很有趣，應該製作影片。我之前從來沒想過要拍影片，結果就這麼一支支拍了下去，直到今天，我已經有超過 6 億次的瀏覽量。

/DOUGDEMURO
/MOREDOUGDEMURO
道格·迪慕羅
Doug DeMuro
訂閱人數:
> 310萬
> 52萬5千

最喜歡的YouTuber:
/HooviesGarage
/TheSmokingTire
/CaseyNeistat

/HELLOITSAMIE
艾咪
Amie
訂閱人數: >170萬

最喜歡的YouTuber:
/TheAceFamily
/TheLaBrantFam
/IvoryGirl48 (Mia Maples)

千萬不要過勞

創作者靈感枯竭的情形是真實存在的。有些 YouTuber 會覺得，如果他們休息一陣子沒有發布影片，會讓所有人失望，但休息並不可恥。這是一份全職工作，當你把所有精力投注在頻道上，讓觀眾開心時，很容易就會感到精疲力竭。與傳統工作相形之下，它並沒有工作與生活的平衡。我發現，有計畫地排定工作內容，確實能降低工作倦怠的風險，不過，你仍要保有自發性。一旦覺得自己很勉強在做什麼事情，就該停下腳步，因為你的觀眾很容易就會發現這一點。騰出時間離線，和上線一樣重要。我有很多最棒的點子，都是在休息時想出來的。

艾咪的故事

11 歲的時候，我開始使用 Video Star 這個應用程式，它就好比是 TikTok/Musical.ly 的原始版本。我把影片發布在 YouTube 上，很快就有了訂戶。這很令人興奮，我很快就意識到自己想為 YouTube 製作更多內容，表達我的創造力。我想要製作影片，藉此與觀眾互動，也想要認識那些成為我粉絲的人，透過分享讓他們更了解我。現在，我擁有的訂戶人數比我夢想的還要多！我專注於 YouTube，因為它在我身為創作者的旅途中，佔有特殊的位置。

創造、策劃、合作

成為 YouTuber，重點就是要製作影片。不過，為頻道製作影片時，你可以有好幾種選擇，不只是按下錄影鍵而已。你應該從創造、策劃與合作的面向思考。

創造

YouTuber 會創作自己的影片，大部分人剛開始都是自己動手錄製、編輯與發布。隨著頻道越來越成功，你可以考慮尋求他人協助影片創作。也許你需要一個朋友側拍你在街上拍攝影片的鏡頭，或是幫忙剪接所有素材（剪接需要很多時間）。也可以從 Fiverr 等線上平臺取得幫助，以合理的價格，徵募人手提供動畫與平面設計、剪接、聲音處理等服務。

策劃

你知道你可以策劃其他人的內容嗎？只要用其他人的影片來製作播放列表，就可以建立起自己的頻道。如果其他人正在製作你喜愛的影片，而且與你的作品相關，但你不會自己去做這樣的影片時，就可以這麼做。例如你是美容影像部落客，但不會製作關於特效化妝的影片；為何不在其他YouTuber製作的特效化妝教程影片中，挑出你最喜歡的幾支做成播放列表呢？幫粉絲找到這麼棒的影片，絕對會讓他們很高興。播放列表會出現在YouTube的搜索結果中，你不需要製作更多影片，就能吸引到更多的頻道訂戶。

合作

你會發現，YouTube上最有名的網紅都會互相合作。這是為頻道創造出更多內容的好方法，同時還能藉此吸引其他YouTuber的觀眾——他們會把訂戶送到你的頻道，反之亦然。這已證實是培養粉絲的好方法，也能增進你對YouTuber社群的參與。因此，找到你喜歡的人，透過頻道與他們取得聯繫，提出合作建議。你最好對這樣的夥伴關係如何運作有點概念，然後將你的好點子拋出去，說服他們與你合作。

馬上引起注意

在影片開始的 5 秒內，你就得抓住觀眾的注意力。我們會用蛋糕的特寫鏡頭，立即抓住觀眾的注意力，而不是花 30 秒的時間慢慢帶進影片內容。有時候，我的蛋糕看起來甚至不像蛋糕：「你想看長得像人類心臟的蛋糕嗎？你當然想看！」強烈的視覺效果是一個巨大的優勢，能幫助你吸引注意力，鼓勵觀眾留下來繼續觀賞，因此，你應該找到能即刻吸引注意力的圖像。

約蘭達、喬斯琳與康妮的故事

我們三人合作建立了頻道。約蘭達是品牌的形象與蛋糕主廚，康妮與喬斯琳負責制定策略並推動業務發展。我們三個都在電視臺工作，我們開始經營 YouTube 頻道的最大動力，是不需要徵得許可就能自由製作我們想要製作的內容。電視節目製作的所有步驟、人事與限制都讓我們感到非常疲倦，所以，我們三個各獻己力，搭配彼此的長才，一同投資「如何把它做成蛋糕」頻道，組成團隊。這是我們為何如此強大的原因。接下來呢？當然是統治世界！

/HOWTOCAKEIT
/HOWTOCAKEITSTEPBYSTE
康妮·孔塔蒂
Connie Contardi
喬斯琳·默瑟
Jocelyn Mercer
約蘭達·甘普
Yolanda Gampp
訂閱人數:
> 400萬
> 28萬

最喜歡的YouTuber:
/BigThink
/ItsKingsleyBitch (Kingsley)
/sxePhil (Philip DeFranco)

COCOA
WATER
by
YOYO

/VAT19
Vat19
訂閱人數：>640萬

最喜歡的YouTuber：
/DrawWithJazza
/TheKingofRandom
/SongsToWearPantsTo
(Andrew Huang)

業配也可以很娛樂

你可以藉由推銷產品來賺錢，不過大部分的人都想跳過廣告。你得提高娛樂性，人們才會想看。我們的頻道內容全是業配，不過我們還是有 580 萬訂戶，基本上，我們的訂戶是這樣想的：「請用一個新廣告，讓我暫時脫離日常生活。」真正的考驗，是讓觀眾忍不住想著：「我剛剛看了一則廣告嗎？」只要確保你自己也喜歡這個產品就行了。對了，如果你能讓人笑，那麼，你什麼東西都可以賣了。

VAT19的故事

我在聖路易斯有一家影業公司，為當地公司製作電視廣告。我喜歡製作廣告，但討厭這份工作。我們賺的錢不多，所以我想，如果能按自己想要的方式製作廣告、獲得樂趣、而且也沒有客戶在後頭指點，應該會很酷。我認為，唯一的方法就是自己開間店，替店內商品做廣告。我們在 YouTube 上發布了產品影片，原本只是要找地方存放這些影片而已，結果有些影片卻大受歡迎。其中一支影片「啤酒靴」（Das Beer Boot）竟然有 2100 萬瀏覽次數，令人難以置信。「世界最大的蟲蟲軟糖」（World's Largest Gummy Worm）影片，最後竟然上了熱門頁面，獲得 8400 萬次的瀏覽量。

先嘗試IG

這個建議可能有點違反直覺：你可以先製作 IG 影片，然後再慢慢轉移到 YouTube。由於標籤功能和探索頁面，IG 平臺讓你更容易被挖掘，更容易培養粉絲群。你也可以試驗看看什麼東西效果好，再為 YouTube 影片的製作制定計畫。

潔西卡的故事

我是從 IG 起家的，當時我專注於上傳化妝變身的照片。很快地，我建立起龐大的粉絲群，粉絲也希望我在 YouTube 上發布化妝教程影片，所以我開設了頻道，事業就此起飛。我最受歡迎的影片是貝蒂娃娃變裝影片，有 2600 萬觀看次數。這個頻道本身擁有超過 150 萬訂戶，我的另一個 JESSICAVILL 頻道還有 27 萬訂戶，那個頻道的影片以復古時尚與化妝、還有我個人的冒險經歷為主。

/JBUNZIE
/JESSICAVILL
潔西卡‧維爾
Jessica Vill
訂閱人數:
>160萬
> 27萬

最喜歡的YouTuber:
Documentaries
Music
Anything vintage

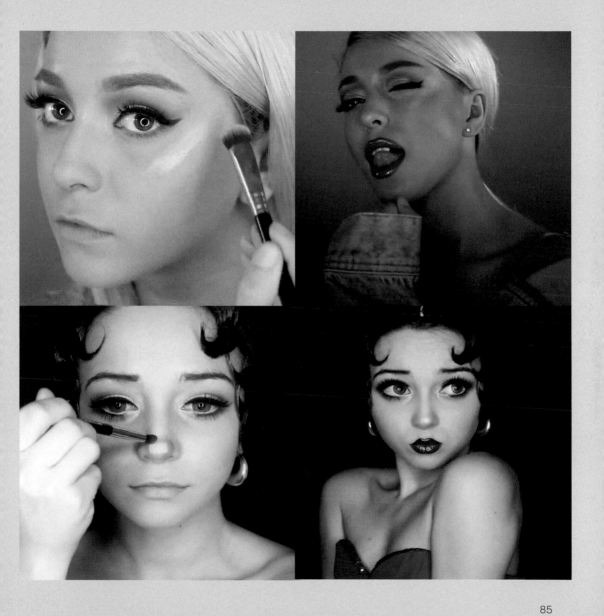

/TOYOTALAUREN
勞倫・豐田
Lauren Toyota
訂閱人數：> 15萬7千

最喜歡的YouTuber：
/trickNiks (Nikki Limo)
/TheFightingSolo (Julien Solomita)
/TheLateLateShowwithJamesCorden

相信直覺

讓人們進入你的生活，動力就能由此開始。他們會與你建立更多聯繫，因為他們喜歡真正的你，不過你也應該要相信自己的直覺，由此設定自己的界限。如果你錄下某些東西，卻在觀看時覺得不太對或怪怪的，就不要發布。「需要分享」的衝動是有益的，不過，有時也是有害的，你很容易落入過度分享的陷阱。當然，要不要發布影片是你的自由，不過一定要記得照顧自己。為自己保留一些東西，向外創造，但不要越界。問問自己：「我創作是為了自己，還是為了觀眾？」你需要在這兩者之間找到平衡。

勞倫的故事

我原本沒有把 YouTube 當成一個正統的平臺。我開設頻道，是因為我在 MTV 音樂臺的事業中斷了。我也有一個美食部落格與 IG 帳號，大約一年之後，才有了製作影片的想法。一開始我很擔心，因為儘管有製作節目的背景，我卻不知道自己在做什麼。後來我發現，平臺上缺乏很酷、很漂亮的主流純素飲食內容，我覺得自己可以帶來一些不同的東西，具啟發性的美食。現在，我用影片讓純素主義以它應得的方式發光發熱。

讓自己被找到

沒有人知道 YouTube 演算法的所有奧祕，那神奇的公式決定了哪些影片在何時何處投放，不過 YouTube 確實提供了所有你需要的線索，確保帳號能盡可能提高被發現的機會。上傳影片時，請務必使用以下這些功能，以增加曝光率。

下對標題

好標題是關鍵。標題應該要準確、簡潔、引人注目，並說出重點。標題是說明影片內容的重要信號，可幫助演算法決定有人在搜索時，是否應該端出你的影片。你可以參考 AsapSCIENCE 頻道（第 114 頁）的例子，學習有效的標題編寫。

加入 Tag

標記可能不是讓你被發掘的最重要因素，不過，它們仍然是在 YouTube 上傳影片時所包含的一項重要功能，所以最好加以利用。利用關鍵字，至少寫出 20 個標記，用來準確描述影片內容，並能與使用者最可能搜尋的內容相匹配。

完整的敘述

精彩的文字描述很關鍵，尤其是前幾行文字將顯示在 YouTube 搜尋結果中，觀眾會藉著這幾行字來決定是否要點擊影片。寫下至少 100 字的影片內容敘述，直接切入重點，不過也要顧及到全面性，並且包含影片中提及內容的連結，以及社交資料的連結。看看喬丹·佩奇的頻道（第 46 頁），那裡有許多影片描述的絕佳範例。

隱藏字幕與逐字稿

可以為影片加上隱藏字幕，這對於希望在無聲情況下觀看影片的人來說，非常有用。這個動作還有額外的好處，能為 YouTube 提供有關影片內容的線索。也可以在敘述中加上逐字稿，完整呈現影片的每一句話。

將影片加入播放列表

總是將影片加到播放列表中，因為播放列表會顯示在搜尋結果中。這就好像玩樂透時多了一張彩卷：每個播放列表都會提供影片被搜尋到的額外機會。

召喚行動

要求觀眾發表評論、訂閱與分享，這些都是一定要的！這些動作除了它們本身顯而易見的好處以外，也是 YouTube 可能用來提升搜索排名的信號。如果觀眾對某支影片的評論很多，它就更可能出現在搜尋結果中。

善用熱門關鍵字

在 YouTube 的搜索欄中打入關鍵字，就能看見它的自動帶入功能，顯示出其他人感興趣的內容。接下來，你要做的就是參考這些詞條來製作影片。例如：「如何跳繩、拳擊手、減肥、初學者。」就好像 YouTube 給了一個劇本，告訴你該做什麼，什麼才是熱門。此外，還有一些工具可以根據搜尋詞彙獲得的流量，以及它們是否有競爭力等，來為這些詞彙打分數。隨著你的頻道慢慢成長，你可以挑戰更受歡迎的關鍵字。

布蘭登與丹的故事

丹靠跳繩減掉很多體重，而布蘭登有自己的健身教練公司，我們決定將兩者結合起來。我們放棄一切，搬到哥倫比亞（那裡更便宜），開始製作影片。一開始，我們做了將近 200 支影片，卻沒能在一年內吸引到千人訂閱。我們失去動力力，錢也快用完了，就在此時，「如何像拳擊手一樣跳繩」的影片突然爆紅。這為我們接下來的成長奠定立基調。幾年後，我們搬去洛杉磯，現在我們致力保持內容的娛樂性、新穎性與一致性。我們還能做很多。

/JUMPROPEDUDES
布蘭登·艾波斯坦
Brandon Epstein
丹·維特默
Dan Witmer
訂閱人數: >47萬5千

最喜歡的YouTuber:
/GaryVaynerchuk (Gary Vee)
/PeterMcKinnon24
/PewDiePie
/Henbu

平拍

我可以整天進行平拍。這種影片能展現創意與企劃，也很容易就能剪接出漂亮的成果，並且充滿生命力。最棒的是，你甚至不用化妝！只要確保指甲修得漂漂亮亮，而且手部整潔即可。我發現，平拍影片較不會得到負評，因為較能專注在企劃上，而不需拋頭露面。不過，你需要配置正確。你可以找到很棒的桌上型三腳架（我用的是 Arkon Mounts 的腳架），也會需要環形燈和柔光罩。

艾咪的故事

我剛開始使用 YouTube 時，已經專職在創作筆記本，那時是透過 IG 來發展生活品牌，與志趣相投的創意人分享作品。YouTube 是我帶著人們環遊世界的一個方式。我經歷了很酷的冒險，然後回到工作室，向人們展示我如何用相本與筆記本記錄一切。我們分享越多，就有更多人受到正面影響，因此我希望繼續激勵觀眾去創造，讓他們享受最好的創意生活。

/AMYTANGERINE
艾咪·譚傑林
Amy Tangerine
訂閱人數: >50萬

最喜歡的YouTuber:
/HowtoCakeIt
/MarieForleo
/JenniferMcGuireInk

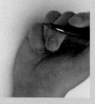

一口氣上傳一整季

你可以一口氣上傳一堆影片，而不是每天放一支。我就像歌手製作音樂專輯一樣，把影片內容累積起來，再當成一個專輯來包裝。用這種節奏，就能花時間慢慢做，細心維持內容品質，而不陷入數量陷阱。我寧可提供五支出色的影片，而不是三十支普通的作品。當觀眾點閱我的頻道，就會發現所有影片都很有深度，有可看性。他們會知道你投注了百分百的精力，而不只是做出幾支好影片而已。

King Vader的故事

是堂兄（現在是我的經理）帶我進入影音世界。一開始，他邀我在他的影片中客串。起初我不太確定，但後來我逐漸喜歡上拍片。當 Vine 這個短影片應用程式出現時，我就投身潮流。這就是我發展出獨特風格，並找到道路的方式。我開始獲得很忠誠的關注者，後來 Vine 關閉了，我轉往 IG 和 YouTube 上努力，至今已有超過 100 萬的粉絲與訂戶。我未來想做導演和表演。我想成為我們這代人中，少數能同時能做這兩件事的人，成為這行中的佼佼者。

/THEDEALGUY
麥特・葛拉奈特
Matt Granite
訂閱人數:> 55萬5千

最喜歡的YouTuber:
/EpicMealTime
/JimmyKimmelLive
/MadilynBailey

獎勵核心觀眾

別像我那樣,花了兩萬美元的郵資寄送贈品,結果只得到一群十幾歲的孩子,他們不會消費,卻拿到免費的二手攪拌機。當然,贈品能鼓勵人們觀看,不過,要辨識出對的觀眾並給予獎勵。喜歡你、你的內容與你展示的攪拌機,以及會購買攪拌機的那兩千人,他們的價值超過不購買、只是跳過訊息以贏得獎品的兩萬人。贈品應該要獎勵核心觀眾,而不是作為激勵新訂戶的手段。

麥特的故事

我製作了一個關於「精明消費」的電視節目,但我的家人反應因為時段的關係,他們看不到節目。於是,我太太建議把影片放到 YouTube 上。後來,電視臺來警告我,說他們擁有內容的版權,我不能上傳到 YouTube。當下我有種預感,覺得有什麼事情要發生了。為了尋求幫助,我找到 Studio71,說服他們的接待員帶我去找職位較高的人(約翰・卡爾,參考第 120 頁)。他們感到無比震驚,以至於為我引薦人才經理,他傳授我許多 YouTube 知識。現在,電視臺同意讓我上傳影片,我再也不提供贈品,而是將產品送到遊民收容中心。

THE
BEVERLY HILLS BRAT

CHAMPS
11:03PM

RITE AID
2:43AM

9:30AM

/NICOLETTEGRAY
妮可萊特・格雷
Nicolette Gray
比佛利小屁孩
The Beverly Hills Brat
訂閱人數: > 110萬

最喜歡的YouTuber:
/TanaMongeau
/NikiandGabiBeauty
/EdgarMcSteelPotCo
(Tanner Braungardt)

自我挑戰

製作挑戰影片！我和我的經理會在 YouTube 上看看其他人在做什麼，然後集思廣益。寫一份你能做的挑戰清單，討論如何加以改變，融入你的品牌。確保在核心內容（以我為例是「真人秀」）與挑戰影片的數量之間取得平衡。YouTube 社群真的很喜歡挑戰影片，因為可以看到人們齊心協力做一些平常不會做的事。我們曾製作的挑戰影片包括穿戴長指甲、每天 10 美元生活費、24 小時購物挑戰等等。

妮可萊特的故事

多年來，我一直在為 YouTube 製作影片，但直到我上了電視節目《Dr Phil》後，我看到了真正的商機，並好好把握。我已累積多年經驗，準備好要利用這次機會。現在的我不斷製作影片，我的家人也參與其中，這讓我們的關係更密切了。我當 YouTuber 很久了，現在的目標是要快速成長，同時避免過勞。

冷處理

YouTube 上的評論可能相當黑暗卑鄙。有些人就是喜歡否定別人、心存卑劣且非常無禮，所以在製作影片時，你最好制定一個計畫，準備好處理評論的心態，否則酸民可能會讓你很沮喪。話雖如此，評論也不全是糟糕的。有的粉絲會對你讚不絕口，告訴你他們喜歡什麼、想看什麼，傾聽粉絲的想法，可以挖到寶，更有助於增加粉絲數與瀏覽量。

獎勵粉絲
定期檢查評論，盡可能按讚、按愛心並回覆評論。粉絲想與你互動，所以要在影片中詢問他們的想法，或是問他們還想看到哪些內容——任何讓他們有機會留言貢獻的東西。參考你最喜歡的 YouTuber，看看他們如何鼓勵粉絲發表評論。

不要回應酸民

如果你回覆，就會引發筆戰，讓他們更強大，所以如果有人講話很機車，只要避免回應就好。他們在等你上鉤，希望你心煩、生氣，所以無視他們是最好的處理方式。如果你真的必須回應，就要想辦法不受影響，做一個更好的人。回應時要彬彬有禮，態度和善，實事求是，言簡意賅，避免叫囂謾罵。他們是垃圾，他們的可悲生活已經是種懲罰。

需要幫助嗎？請朋友幫忙

如果評論真的讓你處理得很辛苦，何不讓別人為你閱讀評論呢？This Exists 頻道（參考第12頁）的山姆就讓他的妻子來閱讀所有評論，只告訴他那些有助於他改進影片品質的評論。她忽略所有無用的廢話。如此以來，他很容易就能維持理智，與酸民保持距離。

嘴巴放乾淨點

你得讓自己講話文雅些。在我最初的幾支 YouTube 影片中，每兩個字就爆粗口，甚至還會出現攻擊性的語言，例如「砸他的臉」。有人叫我改掉粗口連連的習慣，我才可能會被認真看待。如果不這麼做，你看起來既憋腳又不專業。你不需要靠講髒話和尖叫來傳達訊息，改善形象、語言與態度，就能吸引更多人。當個專業的 YouTuber 能讓你成長，對我來說就是如此。

尼克的故事

我的夢想是成為演員，不過這門檻很高，也很容易感到氣餒。我原本就在教防身術，於是決定在 YouTube 上開設自己的頻道，做自己喜歡的事，用一種娛樂的方式教人們防身術。我一開始什麼都不懂，只會發布影片，不過，我的頻道就這麼成長起來。有人寫信給我，說想要看更多影片，於是我學習去了解哪些元素受歡迎，慢慢把頻道建立起來。現在，我還和一個醫生一起主持男性脫口秀，在那裡談論通常不會被討論的男性議題。對一個高中輟學生來說，我混得還算不錯。

/NICKDROSSOS
/CODEREDDEFENSEtv
/HAVETHEBALLSTOTALK
 ABOUTIT
尼克·德羅索思
Nick Drossos
訂閱人數:
> 38萬
> 20萬5千
> 21萬8千

最喜歡的YouTuber:
/KerwinRae
/GaryVaynerchuk (GaryVee)

NICK DROSSOS

SELF DEFENSE, FITNESS AND LIFE COACH

/BADLIPREADING
Bad Lip Reading
訂閱人數:> 740萬

最喜歡的YouTuber:
/CaseyNeistat
/Vsauce
/schmoyoho

先取悅自己

我沒有遵循任何 YouTube 的「成功守則」。我能提出最好的建議是:「先取悅自己。」你無法取悅每一個人,所以應該專注於自己看了也會很有共鳴的內容,並相信志同道合的人會找到它。我為其他原因而製作影片的那幾次,結果都是好壞參半。當地球上的每個人都厭惡我正在做的事,而我的滿足感絲毫也不受影響時,就是我充滿存在意義的時刻。我有一些影片的效果不佳,不過我仍為此感到驕傲。這種滿足感促使我做出更成功的影片。過程中感受到的快樂,才是經營頻道最大的回報。

Bad Lip Reading的故事

我母親在四十多歲時失聰了,變得很會讀唇語。為了了解她的世界,我會把電視關靜音,也試著讀唇語,但我讀得很糟。有一次,我在看一段無聲畫面時,忽然覺得影片裡的人說了「培根哈比人」。於是我把這個詞錄進影片,傳給幾個朋友,他們覺得很爆笑,要我多做幾支。我就這麼開始了這個頻道,最初只是為了與朋友分享更長的影片,並且用「崩壞讀唇語」來描述我做的這些影片。朋友把影片連結寄給他們的朋友,我的觀眾群就這麼建立了。然而,讓朋友開懷大笑的快樂,才是我設置這個頻道的初衷,此舉也為我帶來更廣泛的受眾。

無論如何都堅持下去

YouTube 是一場漫長的競賽。你必須有耐心，無限期地堅持下去，因為沒有任何人能保證任何事。大部分的人之所以放棄，是因為他們在為自己設定的時間內沒有看到想要的結果。失敗只有在你放棄的時候才會發生。如果你不斷嘗試，且聰明地學習改進，你就會找到聲量與利基，並最終獲得成功。但你必須願意在沒有報酬的狀況下努力好幾年，而且也無法預測什麼時候會起飛，要有無盡的耐心。持續創造，成功終究會到來。

靄琳的故事

高中時，我偷偷開設了一個 YouTube 頻道。我喜歡唱歌和彈鋼琴，不過我太害羞了，不敢告訴任何人。我覺得和陌生人分享音樂比較自在，不過，最後所有人都發現了，我繼續經營著這個頻道直到大學。畢業後，我不知道自己要做什麼，所以花了兩年的時間多方嘗試。我閱讀勵志書籍，試圖弄清自己的目的。我學到很多東西，因此創設了一個新的頻道 LAVENDAIRE，分享這方面的心得。我們很難在 YouTube 上找到年輕人談論個人成長的影片，不過我知道，必然有其他應屆畢業生面臨著同樣的掙扎，所以我開始分享，並找到了今天的觀眾。

/LAVENDAIRE
徐靄琳
Aileen Xu
訂閱人數:> 85萬

最喜歡的YouTuber:
/AnnaAkana
/MarieForleo
/WillSmith

/WICKYDKEWL
戴維·韋維
Davey Wavey
訂閱人數: >110萬

最喜歡的YouTuber:
/JonnaJinton
/TylerOakley
/MilesJaiProductions
/TestedCom
(Adam Savage's
Tested)

把花椰菜裹滿巧克力

沒有人喜歡吃花椰菜，儘管它很營養，可是很難吃。在影片中，事情的真相、訊息、要傳達的智慧，就是花椰菜，千萬不要以說教的方式來表達，這樣不但不有趣，也不容易親近。你應該找個方式，將東西包裝起來，讓它們更有趣、更令人興奮、甚至更煽情。這就是巧克力。我在很多影片中都赤裸著上身，我都戲說自己是靠賣肉來獲得觀眾，但其實，讓他們看下去的原因是內容。這就是我所謂的「把花椰菜裹滿巧克力」。

戴維的故事

我創作 YouTube 影片已將近十二年。一開始，我將 YouTube 當成線上日記，不過，我的第 8 支影片走紅了。觀眾開始訂閱（大多是男同性戀者），我也意識到，自己有機會、甚至也有責任透過影片參與並支持這個社群。我調整影片內容，開始談論出櫃與自我接納之類的事情，而不是談論我正在讀的書。現在，我為男同性戀者製作教育內容。我們的父母不會給我們建議，我們也無法在學校裡學習，YouTube 具有獨特的定位，讓每一代男同性戀者都不用浪費時間做無用功。

製作頻道預告片

頻道預告片真的很重要：它必須在 3 分鐘內總結出頻道的內容。這意味著，無論誰來到頻道，都能了解你是在做什麼的。預告片也能讓觀眾知道，你會持續不斷地上傳影片，給他們一個留下來的理由，要他們訂閱。部分最成功的預告片，都有緊湊、深思熟慮且具有自主感的特質；它們能抓住你，把你拉進去。這就是預告片的美妙之處：讓任何人都充滿參與感。

黛安娜的故事

我想成為電視娛樂節目主持人，不過這個行業很難進入，因此我決定在 YouTube 上建立事業。我的父母都認為我瘋了。為了參加 E! 網站和 Ryan Seacrest 一起走紅毯的比賽，我採訪了一個開服裝店的朋友，將影片發布在 YouTube。我沒贏，不過影片的瀏覽量很高。我意識到這件事有點意思，所以我開始透過業界友人獲得進入紅毯進行採訪。就算不是第一人，我也是最早開始做這件事的幾個 YouTuber 之一，演變至今，已有好幾百人在做這件事了。現在，我以前的公司把我的頻道當成競爭對象，希望能獲得我達到的成就。

/DIANAMADISON
黛安娜 · 麥迪遜
Diana Madison
訂閱人數：> 35 萬

最喜歡的YouTuber:
/HollyscoopTV
/CaptainWag (The Fumble)
/NerdWire
/DesireePerkinsMakeup

賺他一票,寶貝!

成為 YouTuber 的其中一個誘人之處,在於隨之而來的收入。每年撈到幾百萬的
YouTuber 大有人在,他們到底是怎麼做到的?以下提供一些訣竅。

與 YouTube合作

最簡單的一個賺錢方法,是參加 YouTube 合作夥伴計畫(YPP)。在這個計畫中,YouTube 賣廣告,在你的影片之前播放,並與你分享利潤。你可以在 YouTube 頻道的後臺向 YPP 申請,不過要符合下列條件才能加入:

· YPP 有在你居住的國家推出。
· 過去 12 個月的有效公開觀看時數超過 4000 小時。
· 頻道訂閱人數超過 1000 人。
· 創作內容符合 YPP 政策。
· 有 AdSense 帳戶。

會員

YouTube 已推出會員選項,你的粉絲可以每個月向你支付會員費。如果你啟用這個功能,粉絲可以在頻道頁面與影片頁面看到一個「加入」按鈕。當粉絲成為會員,他會得到特別勳章之類的東西,也能觀看你特別為會員製作的內容。最棒的是,你將會得到七成的收入。

捐贈與贊助

長久以來,Patreon 網站一直是 YouTuber 讓粉絲透過長期認捐方式來捐款的募資平臺。若想為特定計畫募集資金,你也可以使用 GoFundMe、Indiegogo 與 Kickstarter 等平臺。

品牌合作與贊助

在「關於」頁面上放 e-mail,有興趣的品牌就能與你聯絡。品牌會付錢,請 YouTuber 做產品評論、穿上品牌衣服、參觀旅館,或是直接提供贊助。舉例來說,你會看到知名網紅 Ninja 直播玩《Fortnite》遊戲時,周圍都是贊助商 Red Bull 的周邊商品。

周邊商品

當你出名以後,也可以賣周邊商品,如 Logan Paul 的服飾系列,或是藉由出席活動或在俱樂部露面等獲得報酬。你可以創業,如化妝師 Michelle Phan 創了 Ipsy 這個目前價值超過五億美元的美容品牌。

量化它

YouTube Studio 是 YouTube 的後臺工具，它是很完整的數據分析工具。你可以在這兒花點時間，這能幫助你了解哪些方向是對的，哪些不管用。那裡有大量的數據與報告，讓你改進頻道與影片，不過，以下這些，是我認為你應該定期查看的重點。

觀看時間

許多人認為，影片瀏覽量是 YouTube 上最重要的指標，其實不然，最重要的是「觀看時間」，也就是人們觀看你的影片的總分鐘數。簡單來說，觀看時間較多的影片與頻道，比時間較少的表現更好，所以你應該看看分析數據，了解影片累積了多少觀看時間，以及這個數字是在上升還是下降。如果某幾支影片讓你獲得更多的觀看時間，就應該製作更多這類型的影片。

訂閱人數

訂戶是 YouTuber 的成功關鍵，所以你應該查看訂戶報告，了解每個月訂閱人數的增長與減少。這麼做是為了讓訂閱人數隨著時間穩定成長。如果你的訂戶正在減少，就應該停下來，問問自己為什麼。你最近是否針對影片做了什麼觀眾不喜歡的變動？你有沒有因為哪支特定的影片而獲得很多訂戶？假使如此，就應該試著複製這個成功經驗。

流量來源

你可以透過流量來源，了解觀眾如何找到你的影片。也許他們是透過「推薦影片」或搜尋 YouTube 找到你的，或許是從臉書或部落格等外部網站過來的。你可以找到一些線索，了解該如何善用這些資源來獲得更多瀏覽量。舉例來說，如果人們透過 Reddit 網站找到你，也許你可以在那裡發布影片，藉此增加你的觀眾。

圖解說明

我們之所以能在 YouTube 上堅持下來，是因為我們為影片加入「解說動畫」，也因為我們不在頻道的影片中露臉。採用動畫並不會喪失個人風格，而且還更容易吸引觀眾。當然，觀眾會因為欣賞某個 YouTuber 而按下訂閱，不過要維持以個性為基礎的名聲是很困難的。解說動畫讓人能透過簡單的視覺效果，輕鬆理解複雜的主題，是擴大觀眾群並吸引觀眾的好方法。粉絲會愛上內容，從而降低他們不愛你的風險。

葛雷格與米契的故事

我們在大學都主修生物學，也在那個時期開始約會。葛雷格的副修是視覺藝術，米契喜歡剪接，不確定自己到底要往科學還是電影製作發展。我們喜歡成為能向朋友解釋所學知識的科學人。葛雷格成了科學老師，他意識到 YouTube 是個挺恰當的教學工具，而米契則開始協助 YouTuber 編輯影片，意識到他或許能以此為生。我們一起開始了一個計畫，如此以來，科學就不會從我們的生活中消失。一年以來，我們每週製作一支影片。結果，我們的第 3 或第 4 支影片就紅了，紅得很快。我們的目標是盡可能讓更多人接觸科學。

/ASAPSCIENCE
葛雷格與米契
Greg and Mitch
訂閱人數: > 860萬

最喜歡的YouTuber:
/KyleHanagami
/ContraPoints
/Kurzgesagt (– In a Nutshell)

POLIO

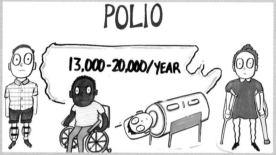

VACCINES = HIGHLY REGULATED

/HALEYPHAM
海莉·范姆
Haley Pham
訂閱人數：>210萬

最喜歡的YouTuber：
/KristinJohns
/ColleenVlogs
/rysphere (Ryan Trahan)

找到趨勢

為了讓頻道從無到有地發展，你必須趕上潮流，才能被搜索、被偶然發現。偷要偷得漂亮！不要明目張膽地抄襲，不過，對於已經在其他頻道發揮作用的東西，先盡量靠攏。等到建立起觀眾群以後，再來談原創。

海莉的故事

升三年級的夏天，我爸給我看了他第 3 代 iPhone 上的 iMovie 應用程式，那改變了我的一生。那年夏天，我開始製作有關服裝與化妝的短片，將影片上傳到我的 YouTube 頻道，一直持續製作到我高中三年級，並在那時候正式成為職業。現在，這是我所有商業活動的核心，也是讓我養活自己和母親的全職工作。

創意合作

職稱：NBC環球傳媒內容策略總監

公司：NBC環球傳媒

與廣告客戶合作，製作符合頻道內容的影片，可以讓創作者為他們熱衷的計畫注入活力。將它視為一種協作夥伴關係，而不是時有時無的收入。

品牌與創作者的結合，可以帶來一種協同作用，讓雙方共同努力合作創新，突破內容的界限，為平臺注入新意——這是任何一方單獨都做不到的。如果做對了，粉絲的反應讓人難以置信，他們常常會為這樣的才華展現感到驕傲與喜悅。

舉例來說，當其他人通常只是把廣告客戶的談話要點讀出來的時候，瑪姆麗‧哈特（Mamrie Hart）則為她的有聲書寫出令人驚豔的饒舌說唱。她的粉絲總是欲罷不能，經常留言說「他們應該給妳雙倍的薪水！」

訪談：麥特・柯瓦拉基德斯（Matt Kovalakides）

學習資源

職稱：SCALED EDUCATION公司內容策略暨製作經理
公司：GOOGLE

有問題嗎？ YouTube有答案

有迫切的問題卻找不到答案？想要更深入並提高你的技能？麥特可以提供從初學者到專業人士所需的一切。他曾是一個極受歡迎的喜劇頻道 MattKoval 的創作者，也是 YouTube 團隊的成員，為 YouTube 的官方教育資源製作內容提供給創作者參考。想成為 YouTuber，該去哪裡學習、獲得靈感並得到答案？以下是他的建議：

訂閱 YouTube的兩個「創作者頻道」

第一站是創作者的官方教育頻道，也就是 youtube.com/user/CreatorAcademy。YouTube 專家與創作者會在這裡揭露他們的重要祕訣。另一個非正式頻道是 youtube.com/ CreatorInsider，有 YouTube 技術團隊的幕後工作花絮。

報名創作者學院

如果你更喜歡透過線上課程學習，可以考慮 creatoracademy.youtube.com。龐大的課程目錄，有助於提升 YouTuber 的技能，你還能參加創作者新手訓練營。全都免費。

獲得幫助

如果你對平臺特性和功能、應用程式、工具等有疑問，有一個可搜索的技術支援資料庫 support.google.com/youtube。也可以訂閱 www.youtube.com/user/ youtubehelp 從中獲取祕訣與攻略。這兩個資源應該可以回答任何問題。

保持更新

YouTube 有兩個主要的部落格，藉此發布公告，以及執行長的訊息。分別是 youtube.googleblog.com 與 youtubecreators.googleblog.com。

造訪 YouTube空間

很多人都不知道我們會舉辦活動、研討會並提供製作資源。造訪 YouTube 空間製作影片、學習新技巧，並與 YouTube 創意社群合作。有超過 1 萬名訂閱者的創作者，都可以申請使用。可以在 www.youtube.com/yt/space 提出申請。

讓我們建立聯繫

YouTube 的 twitter：@YouTube、@TeamYouTube 與 @YTCreators，IG：@YouTube。加我們吧！

與品牌合作

職稱：網路人才執行經理
公司：Studio71

做好研究

如果你要和品牌合作，應確保你認同該品牌。舉例來說，如果你關心動物保護，那就應該只與明確制定無傷害、無動物實驗政策的化妝品公司合作。如果你不自己做研究，你的觀眾會做，這種反彈會造成連鎖反應。不幸的是，我曾看過 YouTuber 犯過這樣的錯誤，然後因為那次品牌交易帶來的負面影響，其他品牌就不會再接觸這個創作者了。所以，你應該了解合作者的價值觀，確保他們與你的價值觀一致。

學會變通

一般來說，你為自己頻道製作的創意內容，並無法和品牌在尋找的東西完全契合，因此雙方都得願意妥協，這是一個挑戰。很少品牌會在毫無限制的狀況下，給你一張五位數的支票，讓你為所欲為。那只是傳說，所以你應該學會變通，與品牌一起工作，否則他們會覺得你在和他們作對。這也是為什麼我們會用「brand partnership」（品牌合夥）來稱呼這樣的關係。

保密

如果事情進展不順利，不要公開談論。如果品牌在整合過程中出了問題，不要發布相關訊息，因為它可能反過來對你造成困擾，並毀掉未來可能的交易。如果你在 IG 或推特上失言，它可能如影隨形地在產業裡到處跟著你。你必須記住，這個圈子很小，所以你在一個網絡中的合作對象，有一天可能會是你在另一間機構的窗口。你不會想被認為是很難合作的創作者，或是會在社群媒體上口無遮攔的麻煩鬼。

跟進

事情進展順利時，不要錯失良機，記得發一則感謝訊息來加深印象。許多人不願意花那個時間，這就像給品牌或代理商發個備忘錄一樣簡單。如果你很享受合作的過程，就告訴他們你很高興有機會與他們合作。我甚至看過創作者製作迷你回顧影片發給客戶。這種事情是令人難忘的，所以你應該再努力一點，表示你真的在乎。人們在事情出錯時會檢討，同樣地，事情順利時也要提出來。藉由回饋，你將能得到更多的機會與生意。

露出訊息

從品牌處獲得報酬時，你應該在影片中披露這個訊息。首先，這是法律要求的。不過更重要的是，對待粉絲應該要坦率透明，你的觀眾才不會覺得自己受到欺騙。一旦失去觀眾的信任，就無法挽回了。

明智地運用籌碼

Dan Weinstein 是美國 Studio71 公司的總裁兼聯合創始人，他的建議是要明智地運用你的籌碼。每個創作者的籌碼都是有限的，只是每個人的籌碼不同，你不一定知道自己手上有多少籌碼。假設，你獲得一個獎項提名，希望粉絲投票給你，你可以運用籌碼來要求他們投票，不過你並不知道會花掉多少籌碼。我針對這件事的建議是：不要向觀眾提出超過合理範圍的要求，而是巧妙地將籌碼用在重要的事情上。

最重要的是

不要為了成為網紅而創作，應該是要為了創作而創作。

委任經紀人

職稱：合夥人
公司：SELECT MANAGEMENT GROUP

什麼是代理？

經紀人就是能代表你、幫助你發展形象、事業與收入的仲介人或經理。他們的工作是定期與願意出資和你合作的品牌與廣告商交談，向他們解釋合作機會，讓他們了解合作的運作方式，以及他們能藉此獲得的價值。對 YouTuber 來說，經紀人應該密切追蹤平臺的趨勢、新功能與改變，以及任何創作者可能需要知道以保持領先的事情。經紀人的目的是要讓事情變得簡單，讓 YouTuber 能專注於自己最擅長的事情，為頻道製作出色的內容。

什麼是好經紀人？

電影與電視業的傳統人才經紀人通常不太了解 YouTube。YouTuber 需要的，是一個每天都在 YouTube 上觀看影片，了解什麼東西有效果，知道哪些類別正在浮出水面，以及哪裡有商機的人。優秀的經紀人通常都有這方面的經驗，並與你認識的其他人才共事過。舉例來說，MyLifeAsEva 來找我們，因為她知道我們曾和 Gigi Gorgeous 合作過。和代理建立起真正的關係：你們將一起旅行，每天交談，慶祝好時光，共度壞時光。你們會制定 5~10 年的計畫來發展你的事業。另外，一個好的經紀人也能讓你的情緒有出口，很少人能同理你，因為他們並不知道 YouTuber 到底在做什麼。

如果你對品牌或特殊計畫的合作感興趣，人們不應預期你能讀懂一份長達 25 頁的協議，你應該取得支援來處理類似事宜。這是一個平衡點的問題，在你製作影片並與觀眾互動的同時，也能獲得適當的資源，讓你能專注在事業上。

什麼情況下要考慮委託經紀人？

我們經常被問個問題。隨著頻道不斷發展，你的團隊也會持續擴大。你首先可能需要一位剪接師或攝影師。你雇用的任何人，應該都能減輕你的負擔，讓你能更專注於創作。並沒有一個確切的里程碑可供參考，例如達到某個數量的訂閱人數，不過如果你看到更多機會到來，開始感到不知所措，這就是一個跡象，表示你可能需要一位經紀人了。我們不會主動走出去簽人——人們因為口碑找上我們——不過我們確實會關注新興人才，通常是那些擁有 25 萬以上訂閱人數的人。當我們簽下 MyLifeAsEva 的時候，她只有 15 萬訂閱人數；如今，光在 YouTube 上，她就擁有 950 萬訂戶。

好客戶有什麼條件？

保持與人接觸和頻道的發展是密不可分的。一個好客戶會努力培養觀眾，並與觀眾互動。你應該能夠坐在自己的臥室裡製作影片，然後和廣告主管一起坐在會議室裡。你必須要能從容地演講，出現在社交媒體上並展現自己的生活，同時願意與世界分享你的生活。你需要在這個平臺上有一個軌跡，也就是說，你已經找到正確的方向，也能在定期製作影片的同時持續成長。你需要滿足觀眾，才能成功。我們也會尋找能吸引人的人格特質；你必須要有個性。

我接下來該做什麼？

盡自己的職責做調查。看看領域中有誰，哪些東西對別人有用，問問你在 YouTube 社群的朋友，看看他們和誰合作。在確立一個新的關係，讓這個人和你抽成之前，你必須要非常確定自己在做什麼。我會說，「千萬不要找叔叔伯伯！」別讓家人成為你的經紀人。這不是個好主意。我建議那些觀眾較少的 YouTuber，在 Niche、Reelio 或 FameBit 這類平臺註冊，稍後再決定是否需要一位專門的經紀人。

與品牌合作

職稱：合夥人
公司：LITTLE MONSTER MEDIA CO.

經常發布

儘管這可能是策略中最不起眼的，但從結果論，上傳更多影片是增加觀眾人數的最好方法。YouTube 做了一些改變，幫助獨立創作者更具競爭力，即使他們每週只上傳一次、兩次或三次。過去，你每天都得發布一個新影片，這對很多人來說是不可能的。試著每週至少發一次，可以的話，再增加次數。

增加你的持續觀看時間

「平均持續觀看時間」指人們平均觀看一支影片的時間。根據我們的研究，對於平均持續觀看時間而言，真正的最佳觀看時間在 6~8 分鐘。當然，有很多成功的頻道並不會持續那麼長的時間，但是如果你能讓人花這麼多時間，就會有很大的幫助。

增加點擊率

要增加觀眾人數，最重要的是要提高點擊率，也就是影片被顯示並點擊的次數。YouTube 會告訴你標題和縮圖獲得的展示次數以及點擊率，這完全左右了遊戲規則。標題和縮圖越強，點擊率就越高。但是請記住，你應該堅持製作設定範圍內的影片。如果你做的是超級英雄，就不要突然開始做烘焙巧克力豆餅乾的影片。點擊率是基於你的核心觀眾想要從你這裡看到什麼，所以做一些意想不到的內容，只會讓你得到低點擊率，即使你的烘焙影片做得很好也沒用。

額外提示

詮釋資料，比如在影片中添加標籤之類的動作，現在似乎沒什麼用，所以你只要在這上面花幾分鐘就好。其實，你更應該花一個小時讓縮圖更加完美。

訪談：里克・馬修斯（Rick Matthews）

多頻道聯播網

職稱：總經理
公司：KIN

什麼是多頻道聯播網？

Multi-Channel Networks（MCSNs）持續不斷地演變發展，但它們最初只是透過 YouTube 頻道來銷售廣告媒體，將 YouTuber 與希望開展網紅行銷活動的品牌聯繫起來，並提供支援服務。現在，多頻道聯播網可以提供更多東西，例如代理權、技術專業、分析協助、許可協助、創造商品與觀眾成長策略。許多多頻道聯播網都已成為代理商、製作公司、媒體公司、管理團隊甚至電子商務平臺的混合體。

Kin是什麼？

Kin 是最早的多頻道聯播網之一，如今發展成一個更包容廣泛的生活風格娛樂公司。我們和創作者合作，我們有製作能力，與品牌和其創意及媒體代理有關係，我們也能橫跨許多媒體平臺，在上面制定策略、行銷活動與原創內容。

我應該與多頻道聯播網合作嗎？

當然，不過，還是得回到「你需要什麼」的問題。這會決定你的合作對象。先做功課，對多頻道聯播網進行研究。每個多頻道聯播網都提供不同的東西。大多數 YouTuber 需要的協助，在於與願意付費給他們製作內容的品牌建立關係。向多頻道聯播網提問：「你能提供什麼價值給我的事業？」「我能得到什麼樣的持續性支持？這種支持會是什麼樣的？」「誰會是我的主要聯繫人？如何與他們聯絡？」確保你為多頻道聯播網帶來的營收，與你從聯播網方獲得的報酬是相等的。

專家提示

深入了解有關終止合作關係的條款。這是很多人遇上麻煩的地方：他們沒有弄清楚合約的終止期限，結果發現自己被合約綁住的時間比應有時限更長。在規模不大時，向律師諮詢的想法可能會讓你覺得太超過，不過我還是會建議你這麼做。這是一份合約，你必須嚴肅以待。

如果要和多頻道聯播網商談，必須做好準備，以便快速地談論你的關鍵人口統計數據，以及全球觀眾群體的細分情況。隨時提供數據與分析，不要有所隱瞞。這並不難，只要提供你分析數據與最近 90 天表現的螢幕截圖即可。

索引

關於作者

威爾・伊格爾是個經驗豐富的品牌、營銷與數位專家，曾在 Virgin、MTV、Leo Burnett、GOOGLE 與 YouTube 等公司任職。在 GOOGLE 任職期間，威爾是品牌策略師，致力幫助該公司最大的廣告客戶了解如何使用 YouTube 來滿足其營銷需求。威爾曾擔任 GOOGLE 在山景城 PartnerPlex 的主要引導者，也是 GOOGLE 後期風險投資基金 Capital G 的投資組合公司的顧問。

威爾出生於英國，最初在倫敦 Virgin 集團擔任網頁開發員，於 2004 年移居加拿大，2014 年移居美國。他經常待在安大略省農村的小木屋裡，喜歡用創造性的方法解決問題，喜歡料理和慢活、親近大自然，還有玩《Fortnite》。

謝詞

我要藉此向我有機會合作學習的每一位 YouTuber 表達我的愛意與感謝之意，並向 Andrew Hayes、Neha Sharma、Francisco Chacin、Matt Sweet、Marissa Orr、Jay V. del Rosario、Sam Sutherland、Ashley Carter、Reuven Ashtar、Mark Swierszcz、Jordan Bortolotti、Rick Matthews、Matt Kovalakides、Adam Goldstein、Renata Duque、John Carle、Adam Wescott 與 Charley Button 等人致上最深的謝意。

特別感謝 Henry Carroll、Heshan Withana、Jo Lightfoot、Melissa Danny、Sandra Assersohn、Andrew Roff、Alex Coco、Rosie Fairhead、Robert Davies、Christine Shuttleworth 與 Laurence King 的整個團隊。